農業簿記検定
教科書

1級（原価計算編）

大原出版

はじめに

　わが国の農業は、これまで家業としての農業が主流で、簿記記帳も税務申告を目的とするものでした。しかしながら、農業従事者の高齢化や耕作放棄地の拡大など、わが国農業の課題が浮き彫りになるなか、農業経営の変革が求められています。一方、農業に経営として取り組む農業者も徐々に増えてきており、農業経営の法人化や6次産業化が着実にすすみつつあります。

　当協会は、わが国の農業経営の発展に寄与することを目的として平成5年8月に任意組織として発足し、平成22年4月に一般社団法人へ組織変更いたしました。これまで、当協会では農業経営における税務問題などに対応できる専門コンサルタントの育成に取り組むとともに、その事業のひとつとして農業簿記検定に取り組んできており、このたびその教科書として本書を作成いたしました。

　本来、簿記記帳は税務申告のためにだけあるのではなく、記帳で得られる情報を経営判断に活用することが大切です。記帳の結果、作成される貸借対照表や損益計算書などの財務諸表から問題点を把握し、農業経営の発展のカギを見つけることがこれからの農業経営にとって重要となります。

　本書が、農業経営の発展の礎となる農業簿記の普及に寄与するとともに、広く農業を支援する方々の農業への理解の一助となれば幸いです。

一般社団法人　全国農業経営コンサルタント協会

会長　森　剛一

農業簿記検定教科書
1級（原価計算編）
目　次

第 5 章　総合原価計算

第1章　農業原価計算総論

■ 第1節　農業原価計算 ■

1．農企業における簿記会計

　農業簿記会計とは、農企業（農業）に適用される簿記会計をいう。農企業は、種苗・素畜（もとちく）、肥料・飼料、農薬などの材料や労働力、機械施設などを購入し、これらを消費することによって製品（農畜産物）を製造し、さらにそれを販売して利益を獲得することを目的とした企業である。

　企業には、小売業や製造業など様々な業種が存在する。このような業種の違いに応じて簿記や会計の内容も異なることになる。簿記の種類には様々あるが、主なものとしては商業簿記と工業簿記がある。農業も生産工程を伴うため、農業簿記会計は工業簿記会計に準じた仕組みとなっている。

　なお、農企業における農業簿記会計の特徴は、生産活動の記録を行うことである。

2．原価計算

　商企業の商品の原価（購入するために要した金額）は、仕入先からの請求書などによって把握できるが、工企業や農企業の製品（農畜産物）の原価（製造するためにかかった金額）は、自ら計算しなければならず、容易に知ることはできない。したがって、工企業や農企業では、製品（農畜産物）の原価を計算することが重要な課題となり、この計算手続を**原価計算**という。

3．本書の位置づけ

　農業簿記会計においては、商業簿記会計に準じて取引の記録を行うことを提唱するにとどまるものが多かった。しかしながら、農業経営の主体性が高まってくるにつれて、経営主体の意思決定に役立つ会計への要求が高まってきている。特に6次産業体などの農企業においては、複式簿記は経営の大前提であり、そこでの主たる簿記会計的関心は管理会計的ツールに移ってきているといわれる。そこで、本書の農業簿記会計は財務会計目的としての商業簿記会計だけではなく、管理会計目的としての工業簿記会計の適用も考察することになる。原価計算構造から得られる農畜産物の原価情報は、農企業の経営管理者の経営意思決定に資する情報提供の実現を可能とするからである。一般的な製造業で用いられる、わが国の「原価計算基準」を援用しながら説明をしていく。

〈財務会計と管理会計の比較〉

		財　務　会　計	管　理　会　計
①	情報利用者	外部利害関係者	経営管理者
②	会計機能	利害調整	経営管理要具
③	会計の社会的性質	公的規制	私的任意
④	主としてカバーする範囲	概略的な全体情報	詳細な部分情報
⑤	重視する時間次元	過去情報	未来＆過去情報
⑥	会計期間	定期的（1年、半期、四半期）	弾力的（1時間～10年）

第2節　農業原価計算の目的

～原価計算はなんのために行われるのか？～

　わが国の『原価計算基準』には、原価計算の主たる目的として、次の五つの目的を列挙している。

(1)　財務諸表作成に必要な原価の集計（財務諸表作成目的）

(2)　価格計算に必要な原価資料の提供（価格計算目的）

(3)　原価管理に必要な原価資料の提供（原価管理目的）

(4)　予算による計画と統制に必要な原価資料の提供（予算管理目的）

(5)　基本計画のために必要な原価情報の提供（基本計画設定目的）

(1)　財務諸表作成目的

> ──『基準』一㈠────
>
> 　企業の出資者、債権者、経営者等のために、過去の一定期間における損益ならびに期末における財政状態を財務諸表に表示するために必要な真実の原価を集計すること。

　農業簿記会計においても、原価計算から得られる製品（農畜産物）の原価情報は、損益計算書や貸借対照表といった公開財務諸表の作成に資することになる。

①　財務諸表の利用者に「経営者」が含まれている理由について

　『基準』では、財務諸表が財務会計目的のみならず、管理会計目的にも作成されることから、内部報告用の財務諸表の利用者として「経営者」をあげている。ただし、財務諸表作成目的は、多くの場合、財務会計目的と同義で用いられるため、以下では特に指示のない限り、財務諸表作成目的を財務会計目的と同義で用いる。

②　「真実の原価」について

　真実の原価とは、財務諸表の作成に使用されうる原価をいう。この真実とは、『企業会計原則』の真実性の原則の真実と同義である。

(2)　価格計算目的

> ─『基準』─(二)─────────────
> 価格計算に必要な原価資料を提供すること。

　かつての米の政府買入価格のように、政府等が、企業の原価計算を利用して調達価格を算定するものである。

(3)　原価管理目的

> ─『基準』─(三)─────────────
> 　経営管理者の各階層に対して、原価管理に必要な原価資料を提供すること。ここに原価管理とは、原価の標準を設定してこれを指示し、原価の実際の発生額を計算記録し、これを標準と比較して、その差異の原因を分析し、これに関する資料を経営管理者に報告し、原価能率を増進する措置を講ずることをいう。

　農企業が製品（農畜産物）をより安く効率的に製造するためには、当該製品（農畜産物）の原価情報が有効となる。

① 　『基準』の原価管理について

　『基準』の原価管理は、標準原価の水準を維持することを目的とした狭義の原価管理であり、**原価統制**（コスト・コントロール）である。

　ここで、原価統制（コスト・コントロール）とは、原価計画によって定められた所与の作業条件のもとで、一定の品質や規格の製品を生産することを前提として、原価の発生を目標値の一定幅の中におさえ維持していくことを狙いとした継続的な管理活動を意味する。

② 　**原価管理について**

　実際原価計算制度の枠内で、原価管理を行うとしたらどのような手段があるだろうか？一つの手段としては、月ごとの実際原価の比較（期間比較）や工場間比較が考えられる。経営管理者は、そのデータを比較し、能率の良否をみようとする。その際、主に管理不能な価格面をデータから排除するべく予定消費価格や予定消費賃率を用いることがある。

　だが、この実際原価を比較するという手法には、大きな限界がある。

　なぜならば、これは相対評価なのである。

　例えば、5月と6月のデータを比較するとした場合、両月とも作業員は目いっぱい作業しているかもしれないし、逆に、両月ともだらけているのかもしれないのである。

それでは、何と何を比較すればよいのであろうか？

あるべき規範と実際原価の比較である。このあるべき規範が標準原価である。この標準原価と実際原価の比較は、「絶対評価」である点が高く評価される。

『基準』は、原価管理として、この標準原価計算による管理（原価統制）を説明している。

③　広義の原価管理について

経営管理者は、製品をなるべく安く造って、高く売って儲けたいと考える。このなるべく安く造ろうと目指す際に、上記②のように、標準を目指して作業員達に頑張らせるのみならず、その標準自体を、引き下げるよう努めるはずである。作業条件を根本から見直し、劇的に原価が引き下がるなら、それに越したことはないからである。

よって、一般的に原価管理といえば、目標を目指して頑張らせるということに加えて、目標自体の引下げへの努力（**原価低減**）も含まれるのである。

④　コスト・マネジメント（広義の原価管理）について

「コスト・マネジメントは利益管理の一環として、企業の安定的発展に必要な原価引下げの目標を明らかにするために、その実施のための計画を設定し、この実現を図る一切の管理活動である。」（『コスト・マネジメント』（通商産業省産業構造審議会　昭和41年12月6日））

このコスト・マネジメントには、上述の原価統制のみならず、原価低減も含まれる。

ここで、原価低減とは、製品の品質を確保しながら、標準の設定される作業条件そのものを、より合理的なものに変更する随時的な意思決定の結果としての原価引下げを意味し、標準自体の引下げがその検討対象となる。この原価低減は、製品の企画・設計段階で行われる**原価企画**と製造段階で行われる**原価改善**からなる。

また、原価低減は、『基準』において、予算管理目的（『基準』一㈣）や基本計画設定目的（『基準』一㈤）に含まれるものと解されている。

〈参考〉　原価計画について

　　原価の引下げは原価計画の設定にはじまることから、コスト・マネジメントを原価計画と原価統制に区分することもある。

⑤　原価管理のまとめ

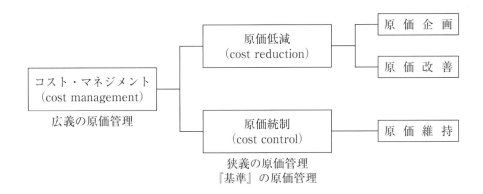

	コスト・マネジメント	
	原　価　低　減	原　価　統　制
経 営 管 理 機 能	原価の計画（意思決定）	原価の統制（業績評価）
経　営　構　造	変革を伴うことが多い	一定（変革を伴わない）
管　理　対　象	企業全体の諸活動	作業現場の業務活動
中　心　手　法	差額原価収益分析	標準原価計算
標　準　原　価	検討対象となる	維持、達成目標となる

⑷　予算管理目的

　企業が立てる予算といえば、『１年間の利益の計画書』であると考えてよい。この『１年間の利益の計画書』は、貨幣という共通単位を用いて作成されるわけである。これが予算の編成である。

　この計画に基づき、目標の利益を達成すべく１年間努力し、目標と実績を比較し反省し、その反省を次年度に活かすという作業が予算統制である。

　上記の予算の編成・予算統制共に、原価計算により集計されたデータが必要となるのである。

『基準』－㈣

　予算の編成ならびに予算統制のために必要な原価資料を提供すること。ここに予算とは、予算期間における企業の各業務分野の具体的な計画を貨幣的に表示し、これを総合編成したものをいい、予算期間における企業の利益目標を指示し、各業務分野の諸活動を調整し、企業全般にわたる総合的管理の要具となるものである。予算は、業務執行に関する総合的な期間計画であるが…（後略）…

　農業簿記会計においても、原価計算から得られる製品（農畜産物）の原価情報は、翌期以降の利益計画の策定や予算編成に資する情報提供を実現する。また、利益計画や予算編成が的確になされていなければ、上述の予算統制も不可能となり、場当たり的な農業経営になる可能性がある。

① **予算管理（予算制度）について**

　予算管理（予算制度）とは、短期の利益目標を達成するために、各業務分野の異なる計画や活動に貨幣という統一的な価値尺度を適用し、企業全体の総合的な管理の観点からこれを評価し調整するシステムであり、**予算編成**と**予算統制**からなる。

　ここで、予算編成とは、大綱的利益計画に基づく満足利益を各部門の提出する期待利益が満たすように調整することをいう。また、予算統制とは、責任区分別の予算と実績を比較して、差異の原因分析を行い、必要に応じて是正措置を講ずることをいう。

② **予算について**

　予算体系の一例を図示すると、以下のようになる。

〔予算の体系〕

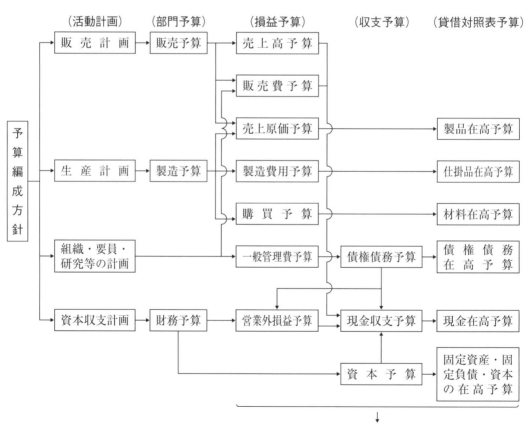

総合予算（見積損益計算書、見積貸借対照表）

⑸　経営意思決定目的（基本計画設定目的）

①　基本計画について

　基本計画とは、経済の動態的変化に適応して、経営の給付たる製品、経営立地、生産設備等経営構造に関する選択的事項に、経営意思を決定し、経営構造を合理的に組成することをいい、随時的に行われる決定である。それは後述する戦略的意思決定に相当する。

②　経営意思決定について

　経営意思決定とは、経営活動として採るべき道を決定するために、諸代替案の中から最善の案を選択することである。この経営意思決定は、業務的意思決定と戦略的意思決定からなる。

③　業務的意思決定について

> 『基準』―㈣
> 　…（前略）…予算は、業務執行に関する総合的な期間計画であるが、予算編成の過程は、たとえば製品組合せの決定、部品を自製するか外注するかの決定等個々の選択的事項に関する意思決定を含むことは、いうまでもない。

　業務的意思決定とは、所与の経営構造のもとにおいて、個々独立の事項についてなされる随時的な意思決定をいう。具体的には、販売製品の組合せの決定、部品を自製するか外注するかの決定等があげられる。予算編成プロセスで行われる「個々の選択的事項に関する意思決定」は、概ねこの業務的意思決定に属する。

　農企業の経営管理者も、所与の生産規模の枠内において、様々な独立の選択的事項についての意思決定を迫られることがある。その際に原価計算から得られる原価情報が有効となるのである。

④　戦略的意思決定について

> 『基準』―㈤
> 　経営の基本計画を設定するに当たり、これに必要な原価情報を提供すること。ここに基本計画とは、経済の動態的変化に適応して、経営の給付目的たる製品、経営立地、生産設備等経営構造に関する基本的事項について、経営意思を決定し、経営構造を合理的に組成することをいい、随時的に行なわれる決定である。

　戦略的意思決定とは、経営の基本構造の変革を伴う随時的な意思決定をいう。具体的には、新製品開発計画、設備投資計画、要員計画等があげられる。

　農企業の経営管理者も、生産農地の拡大や農産物の加工設備の購入などの経営構造の変

革を伴うような随時的な意思決定を迫られることがある。その際に原価計算から得られる原価情報が有効となるのである。

⑤　**経営意思決定のまとめ**

	経 営 意 思 決 定	
	業務的意思決定	戦略的意思決定
経営構造の変革	変革は伴わない	変革を伴う
意思決定の効果	比較的短期	長期に及ぶ
意思決定主体	ミドル・マネジメント	トップ・マネジメント
情報提供手段	直接原価計算＋CVP分析	主として特殊原価調査

第3節　農業原価計算の意義

1．製造原価・販売費及び一般管理費

　原価計算では、給付（財貨および用役）の1単位当たりの原価、すなわち給付単位原価が計算される。給付単位原価は、製造原価を意味する場合と、総原価を意味する場合がある。

販　売　費（製品の販売のための費用）	営業費	総原価
一般管理費（企業全般の管理・運営のための費用）		
製 造 原 価（製品の製造のための費用）		

┌─【参考】営業費の具体例──────────────────────
　販売費：企業のイメージ広告（広告宣伝費）
　一般管理費：本社建物の減価償却費
└──────────────────────────────────

┌─【範例】──────────────────────────────
　次の項目のうち、製造原価には○、販売費には△、一般管理費には×をつけなさい。

　1．水稲の機械にかかる固定資産税　（○）　　2．販売所の従業員の給料　　（△）

　3．水稲部門の従業員の給料　　　　（○）　　4．新製品発表会の費用　　　（△）

　5．本社建物の減価償却費　　　　　（×）　　6．水稲の農薬費　　　　　　（○）
└──────────────────────────────────

2．原価計算基準における原価の要件

　本書において、農業簿記会計に原価計算を行う際の「原価」の概念は、以下に示す原価計算基準の原価の要件に準拠するものとする。

┌─『基準』三─────────────────────────────
　原価計算制度において、原価とは、経営における一定の給付にかかわらせて、は握された財貨または用役（以下これを「財貨」という。）の消費を、貨幣価値的に表わしたものである。
└──────────────────────────────────

(1) 「原価計算制度」における原価の要件

① 経済価値消費性について

『基準』三㈠
　　原価は、経済価値の消費である。経営の活動は、一定の財貨を生産し販売すること
　を目的とし、一定の財貨を作り出すために、必要な財貨すなわち経済価値を消費する
　過程である。原価とは、かかる経営過程における価値の消費を意味する。

　『基準』では、原価は財貨の生産、販売過程の中で経済価値のある財貨を消費しなけれ
ば発生しないと考える。したがって、原価財を購入しただけでは原価とはならない。
　例えば、消費しても経済価値のないもの（例：空気）、経済価値があっても消費してい
ないもの（例：購入しただけの材料）は、原価とはなりえない。
　農業簿記会計においても、同様のことがいえる。農耕地であっても、自己所有であれば
原価とはならないが、賃借している場合の地代等は原価となることになる。

② 給付関連性について

『基準』三㈡
　　原価は、経営において作り出された一定の給付に転嫁される価値であり、その給付
　にかかわらせて、は握されたものである。ここに給付とは、経営が作り出す財貨をい
　い、それは経営の最終給付のみでなく、中間的給付をも意味する。

③ 経営目的関連性と正常性について

『基準』三㈢
　　原価は、経営目的に関連したものである。経営の目的は、一定の財貨を生産し販売
　することにあり、経営過程は、このための価値の消費と生成の過程である。原価は、
　かかる財貨の生産、販売に関して消費された経済価値であり、経営目的に関連しない
　価値の消費を含まない。財務活動は、財貨の生成および消費の過程たる経営過程以外
　の、資本の調達、返還、利益処分等の活動であり、したがってこれに関する費用たる
　いわゆる財務費用は、原則として原価を構成しない。

『基準』三(四)

　原価は、正常的なものである。原価は、正常な状態のもとにおける経営活動を前提として、は握された価値の消費であり、異常な状態を原因とする価値の減少を含まない。

　この二つの要件は、「原価計算制度」における原価にのみ必要とされる。つまり、後述する支払利息や異常仕損費等を「原価計算制度」において非原価項目とするために必要とされる要件であり、「原価計算制度」にとらわれない、原価の一般概念では必要とされない要件である。

(2)　非原価項目について

『基準』五

　非原価項目とは、原価計算制度において、原価に算入しない項目をいい、…(後略)…

　非原価項目とは、前述の原価の要件の四つを満たさないものである。ここで、「経済価値消費性」と「給付関連性」は、特に「原価計算制度」にとらわれない原価計算一般における原価の要件であるため、『基準』五では、これらについて例示を設けていない。しかし、「経営目的関連性」と「正常性」は、財務会計との関係で特に追加されたものであるため、具体的な例示を設けている。また、『基準』五では、関係諸法令との関係で本来的に原価ではないものの例示までも設けている。

①　支払利息について（経営目的に関連しないもの）

　「原価計算制度」において、支払利息を非原価項目とする理由は、財務活動から生ずる支払利息を営業外費用として原価から除外することにより、営業活動の業績（営業利益）を企業の資本構成の如何によって歪めず純粋な形で表示するためである。

②　異常仕損費について（正常性をもたないもの）

　「原価計算制度」において、異常仕損費を非原価項目とする理由は、偶然的要因によって生じた異常仕損費を特別損失として原価から除外することにより、偶然的要因による影響を排除し、棚卸資産評価や価格決定などの目的を満たすためである。

　農業においても、養鶏農業における鳥インフルエンザの流行によって生じる鳥の死廃に伴うコストなど、当初の生産過程で予期し得なかったものが異常仕損費として把握されることになる。

〈参考〉　異常な状態の分類

　　異常な状態は、以下のように**質的異常**と**量的異常**の二つに分類できる。

　　まず、質的異常とは、その経済事象そのものが異常なものであり、具体例としては、自然災害、盗難等があげられる。

　　一方、量的異常とは、重要性の判断により、一定量を超えた部分であり、具体例としては、通常の範囲を超えて生ずる仕損、減損等があげられる。

(3)　原価と非原価項目の関係

　非原価項目を規定した『基準』五は、原価の本質を規定した、『基準』三を補足する関係にあるため、その関係を整理すると以下のようになる。

原価の本質 『基準』三		非原価項目 『基準』五		非原価項目の例示
(一)	経済価値の消費			「基準」では規定されていないが、自由財（例：川を流れる水）の消費。経済財であっても、財貨（例：材料）の購入にとどまるとき
(二)	給付に転嫁される価値			原価が給付に関連することは当然である。盗難による財貨の消失は原価ではない
(三)	経営目的に関連する	(一)	経営目的に関連しない価値の減少	支払利息、割引料、有価証券評価損及び売却損、経営目的に関連しない寄付金、投資資産たる建物の減価償却費、未稼働の固定資産の減価償却費
(四)	正常的である	(二)	異常な状態を原因とする価値の減少	火災、震災、盗難、争議による損失、延滞償金、罰課金、訴訟費、固定資産売却損
		(三)	税法上の損金算入項目	租税特別措置法による償却額のうち通常の償却範囲額を超える額
		(四)	その他の利益剰余金に課する項目	法人税、所得税、市町村民税、配当金、任意積立金繰入額

3．製造原価要素の分類基準

～計算しやすいように、管理しやすいように分類する～

⑴　形態別分類

> **『基準』八㈠**
>
> 　形態別分類とは、財務会計における費用の発生を基礎とする分類、すなわち原価発生の形態による分類であり、原価要素は、この分類基準によってこれを材料費、労務費および経費に属する各費目に分類する。…(中略)…
>
> 　原価要素の形態別分類は、財務会計における費用の発生を基礎とする分類であるから、原価計算は、財務会計から原価に関するこの形態別分類による基礎資料を受け取り、これに基づいて原価を計算する。この意味でこの分類は、原価に関する基礎的分類であり、原価計算と財務会計との関連上重要である。

　形態別分類は、財務会計における費用の発生形態、つまり支払形態又は取引形態による分類であり、原価計算と財務会計との有機的結合を保つための出発点となる分類である。

⑵　機能別分類

> **『基準』八㈡**
>
> 　機能別分類は、原価が経営上いかなる機能のために発生したかによる分類であり、原価要素は、この分類基準によってこれを機能別に分類する。…(中略)…経費は、各部門の機能別経費に分類される。

　機能別分類とは、原価がどのような用途又は目的のために消費されたのかによる分類であり、原価を発生させた原因に着目した分類である。

　機能別分類では、形態別に分類された**材料費、労務費**及び**経費**に属する各費目を、その原価財が消費された用途や作業の種類に応じて再分類するのであるから、各種の機能別原価を知ることによって、財務諸表作成のみならず、原価管理や予算管理目的を達成するための基礎的前提となる分類である。

〈参考〉　部門別計算と機能別分類

　　原価部門（補助部門）は、通常機能別に分けて設定されているため、部門別計算がかなり厳密に行われている場合には、機能別分類はほとんど必要とされない。しかし、『基準』は「経費は、各部門の機能別経費に分類される。」と規定している。ここで注意すべきは、経費を単に部門別に跡づけて修繕部経費、運搬部経費等の費目を設けても、それは機能別分類ではなく、また管理上有用でもない。つまり、経費を機能別に分類するとは、例えば電力料なら、修繕用電力料、運搬用電力料等の費目に分け、用途別の分類をするということである。

⑶　製品との関連における分類

『基準』八⊟

　　製品との関連における分類とは、製品に対する原価発生の態様、すなわち原価の発生が一定単位の製品の生成に関して直接的に認識されるかどうかの性質上の区別による分類であり、原価要素は、この分類基準によってこれを直接費と間接費とに分類する。…(後略)…

---

① **財務諸表作成の観点からの分類について**

　　製品との関連における分類は、製品の種類が２種類以上の場合に（例：個別原価計算、組別総合原価計算）、正確な製品原価を計算するため重要な分類である。この場合に、直接費は各製品に賦課（直課）され、間接費は配賦される。

② **原価管理の観点からの分類について**

　　製品の種類が１種類である場合（例：単純総合原価計算）、すべての製造原価はその製品に直結するため、製品との関連における分類は意味がないとも考えられる。

　　しかし、仮に製品の種類が１種類であっても、原価管理の観点からは、この分類が重要となる。なぜなら、直接費は１単位の製品に要する原価財の消費量を直接的に測定できるのに対し、間接費はそれが困難となるので、直接費と間接費では管理の方法が異なるからである。つまり、直接費については、標準による**物量管理**がなされるのに対し、間接費については、責任区分別の予算による**金額管理**がなされるのである。

　　つまり、原価管理の観点における直接費と間接費の分類基準は、財務諸表作成の観点とは異なる。すなわち、原価管理の観点においては、一定単位の製品の生成に関して直接的に認識されるかどうかのみでなく、製品単位当たりの比例費であるか否か、重要性をもつか否か等も必要となる。

③　直接費と間接費のまとめ

	直　接　費	間　接　費
製 品 原 価 の 正 確 な 計 算	製品種類等との関係が明確	製品種類等との関係が不明確
原価の製品への集計方法	発生の事実に基づいて賦課	適当な配賦基準によって配賦
原 価 統 制 の 方 法	標準による物量的な統制	予算による金額的な統制

（注）　原価管理の観点から必要となる

④　加工費について

『基準』 八㈢

　…（前略）…

　必要ある場合には、直接労務費と製造間接費とを合わせ、又は直接材料費以外の原価要素を総括して、これを加工費として分類することができる。

　上記『基準』の抜粋で、加工費の定義が２通りされていることにお気付きだろうか。

　前半と後半の定義の違いは、加工費の中に直接経費を含めるか否かである。

　加工費は、総合原価計算において特に重要となるが（『基準』二四㈠）、個別原価計算においても、一定の条件が満たされるときに用いられる（『基準』三四）。

〈参考〉　原価計算対象との帰属可能性

　　製品との関連における分類以外に、原価計算では、原価を計算対象に対して直接的に認識できるか否かにより、種々の分類がなされる。例えば材料の購入原価を計算する場合、購入代価は材料ごとに直接的に認識できるが、付随費用は材料別に認識できない場合が多いので、前者を材料主費、後者を材料副費として分類する。また部門別計算やセグメント別の損益計算を行う場合には、当該部門ないしセグメントとの関係が直接認識できるか否かによって、部門（セグメント）個別費と部門（セグメント）共通費とに分類される。

⑷　**生産規模との関連における分類（原価計算基準における操業度との関連における分類）**

『基準』八㈣

　操業度との関連における分類とは、操業度の増減に対する原価発生の態様による分類であり、原価要素は、この分類基準によってこれを固定費と変動費とに分類する。ここに操業度とは、生産設備を一定とした場合におけるその利用度をいう。固定費とは、操業度の増減にかかわらず変化しない原価要素をいい、変動費とは、操業度の増減に応じて比例的に増減する原価要素をいう。

　ある範囲内の操業度の変化では固定的であり、これをこえると急増し、再び固定化する原価要素たとえば監督者給料等、又は操業度が零の場合にも一定額が発生し、同時に操業度の増加に応じて比例的に増加する原価要素たとえば電力料等は、これを準固定費又は準変動費となづける。

　準固定費又は準変動費は、固定費又は変動費とみなして、これをそのいずれかに帰属させるか、もしくは固定費と変動費とが合成されたものであると解し、これを固定費の部分と変動費の部分とに分解する。

---

①　**分類の目的について**

　操業度との関連における分類は、操業度の短期的な変化に基づく原価の反応を分析した結果としてなされることから、適切な損益分岐点分析や変動予算の設定及び直接原価計算には不可欠な分類である。よって、利益計画や予算管理目的には勿論のこと、原価管理や意思決定目的にとっても有用な情報を提供する基礎的な前提となる分類である。

②　**原価要素のコスト・ビヘイビア（原価態様）について**

　固定費とは、操業度の増減にかかわらず総額では変化しない原価要素であり、具体的には、減価償却費や試験研究費等があげられる。また、**変動費**とは、操業度の増減に応じて総額では比例的に増減する原価要素であり、具体的には、直接材料費や出来高払賃金等があげられる。

　固定費と変動費のいずれにも該当しない原価要素は、準固定費又は準変動費に区別される。**準固定費**（飛躍固定費）とは、断続的に操業度のある段階で飛躍的に変化する原価要素であり、具体的には、監督者給料や品質管理費等があげられる。また、**準変動費**とは、操業度が零の場合にも一定額が発生し、かつ操業度の変化に応じて比例的に増加する原価要素であり、具体的には、電力料や水道料等があげられる。この準変動費の大部分は、固定費部分と変動費部分に分けられる。

③　農業簿記における生産規模との関連における分類

　工業簿記における操業度との関連における分類は、農業簿記においては生産規模との関連における分類となる。農業簿記においては当該基準を用いて、変動費と固定費に分類される。ここにおいて生産規模とは、耕種農業における作付面積、畜産農業における飼養頭羽数があげられる。

　農業においては、作況や市況によって売上高が変化するため、生産量や売上高を基準とした場合、変動費に該当するのは販売手数料のみとなってしまう。そのため、変動費と固定費の分類において作付面積や飼養頭羽数を基準とする。

　以上の原価要素のコスト・ビヘイビアを図示すると、以下のようになる。

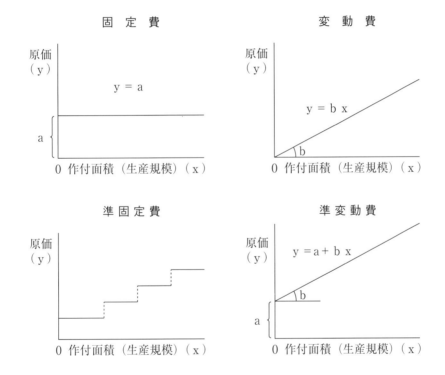

イ　変動費

　　生産規模の増減に応じて比例的に増減する原価要素をいう。

　　例えば、肥料費、飼料費といった材料費がある。

ロ　固定費

　　生産規模の増減にかかわらず変化しない原価要素をいう。

　　例えば、農具庫の減価償却費などがある。

　ハ　準変動費

　生産規模が零の段階でも一定額が発生し、同時に生産規模の増加に応じて比例的に増加する原価要素をいう。

　例えば、動力光熱費のうちの電力料がある。

　ニ　準固定費

　ある範囲内の生産規模の変化では固定的であり、これを超えると急増し、再び固定化する原価要素をいう。

　例えば、農業機械の減価償却費がある。

　なお、農業簿記では**限界利益（貢献利益）**の算出において、売上高の代わりに**変動益**の概念を用いることになる。変動益とは、生産規模の増減に応じて比例的に増減する収益をいい、当該変動益には営業収入に属する項目のほか、**作付助成収入**が含まれる。

(5)　原価の管理可能性に基づく分類

　管理可能性に基づく分類は、農業原価計算においても、大規模農業などの管理会計目的が志向された原価計算が行われる場合に重要になるものである。以下、原価計算基準に従って、一般的な工業簿記の管理可能性に基づく分類を説明する。

『基準』八(五)

　原価の管理可能性に基づく分類とは、原価の発生が一定の管理者層によって管理しうるかどうかによる分類であり、原価要素は、この分類基準によってこれを管理可能費と管理不能費とに分類する。下級管理者層にとって管理不能費であるものも、上級管理者層にとっては管理可能費となることがある。

---

①　分類の目的について

　原価の管理可能性に基づく分類は、標準原価計算や予算による原価管理が効果的に機能するための基礎的前提となる分類である。なぜなら、それらが効果的に機能するためには、その管理者が実質的に責任を負いうる範囲の原価について、目標を設定し、実績を跡づけ、その目標の達成度を評価することによって、その管理者の原価責任の追及ができるようにしておかなければならないからである。

②　管理可能費について

　原価は、ある管理者にとって管理の対象となるか否かによって、**管理可能費**と**管理不能費**とに分類される。ここで、管理可能費（controllable cost）とは、ある特定階層の経営管理者が、一定期間内に、その原価の発生に実質的な影響力を及ぼしうる原価をいう。

　原価が管理可能費であるためには、一般に次の要件を満たす必要がある。

〔管理可能費の要件〕

1）　特定の管理者にとって管理可能であること（権限と責任の範囲による限定）。

2）　一定期間において管理可能であること（期間的限定）。

　〈参考〉　1）〜2）の具体例

　　1）は、ある階層の管理者にとって管理不能費でも、経営管理階層が高くなるにつれてしばしば管理可能費となることを意味する。

　　例えば設備のリース料は、職長にとっては管理不能費であるが、リース契約を結ぶ業務担当重役にとっては管理可能費である。

　　2）は、管理可能性は管理者の業績測定期間に応じて判断すべきことを意味する。つまり、長期になればなるほど、ほとんどすべての原価が管理可能費となるのである。

　　例えば設備の減価償却費は、設備投資の意思決定権限を有する管理者にとっても、当該設備の取替時期までは発生額を動かしえないから、短期的には管理不能費である。しかし、長期的には管理可能費となる。

■■■■ 第4節　農業原価計算の手続・基本形態・期間 ■■■

1．農業原価計算の手続

　農業原価計算は、工業簿記における原価計算と同様に(1)費目別計算、(2)部門別計算、(3)製品別計算という順序で行われる。

(1)　費目別計算：原価要素を"費目"ごとに分類測定する。

　　　　　　　　費目とは、原価要素をさらに細分化した項目のことをいう。

(2)　部門別計算：費目別に把握した原価を、原価の発生した場所である部門ごとに集計する。

(3)　製品別計算：部門ごとに把握した原価を製品など原価計算対象に集計する。

2．製品別計算の方法

　製品別計算には二つの基本形態がある。

(1)　個別原価計算：異なる製品を個別的に生産する状況で採用される。農業では主に耕種農業で用いられる。

(2)　総合原価計算：標準製品を反復連続的に生産する状況で採用される。農業では主に畜産農業で用いられる。

3．原価計算期間

　財務諸表を作成するのは、通常1年という期間（会計期間）である。これに対して、原価計算を行う場合には、財務会計上の会計期間に縛られることなく計算期間を設定することになる。工企業の原価計算では通常暦日の1カ月を**原価計算期間**とすることになる。農業原価計算においては、財務諸表作成のための会計期間をそのまま原価計算期間に援用することもあれば、作物ごとの生育期間を原価計算期間として設定することも可能である。当該計算期間の長短は、コスト・ベネフィットの比較によって決定されることになる。

第5節　農業原価計算の記帳体系

1．個別原価計算の記帳体系

　農企業の原価計算においても、工企業の原価計算と同様の記帳体系を前提とすることになる。以下、個別原価計算（詳細は第4章）を前提として、農業簿記会計の記帳体系を説明する。

農業簿記会計の記帳体系（個別原価計算）

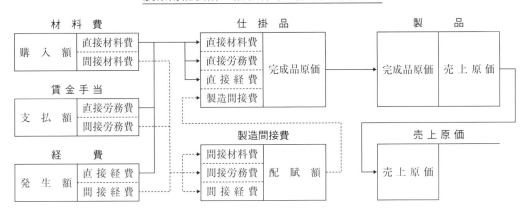

【範例】

　次の取引の仕訳と勘定への転記を行い、さらに指示書別原価計算表にも記入しなさい。

(1)　肥料70,000円を掛で購入した。

　　　（肥　料　費）　　70,000　　　（買　掛　金）　　70,000

(2)　購入した肥料のうち、直接材料費として生産指示書ジャガイモに15,000円、ニンジンに12,000円、タマネギに10,000円、及び間接材料費として23,000円を消費した。

　　　（仕　掛　品）　　37,000　　　（肥　料　費）　　60,000

　　　（製造間接費）　　23,000

(3)　賃金手当92,000円から預り金10,000円を差し引き現金で支払った。

　　　（賃　金　手　当）　92,000　　　（預　り　金）　　10,000

　　　　　　　　　　　　　　　　　　（現　　　金）　　82,000

(4)　支払った賃金手当のうち、直接労務費として生産指示書ジャガイモに30,000円、ニンジンに24,000円、タマネギに20,000円、及び間接労務費として18,000円を消費した。

　　　（仕　掛　品）　　74,000　　　（賃　金　手　当）　92,000

　　　（製造間接費）　　18,000

⑸　経費48,000円を現金で支払った。

　　　（経　　　　費）　48,000　　　（現　　　　金）　48,000

⑹　支払った経費のうち、直接経費として生産指示書ジャガイモに10,000円、及び間接経費として38,000円を消費した。

　　　（仕　掛　品）　10,000　　　（経　　　　費）　48,000
　　　（製 造 間 接 費）　38,000

⑺　製造間接費79,000円を、一定の基準によって生産指示書ジャガイモに35,000円、ニンジンに24,000円、タマネギに20,000円配賦した。

　　　（仕　掛　品）　79,000　　　（製 造 間 接 費）　79,000

⑻　生産指示書ジャガイモ及びニンジンを収穫した。なお、タマネギは月末現在未収穫である。

　　　（製　　　　品）　150,000　　　（仕　掛　品）　150,000

肥　料　費			
⑴ 買　掛　金	70,000	⑵ 仕 掛 品	37,000
		〃 製造間接費	23,000

賃　金　手　当			
⑶ 預　り　金	10,000	⑷ 仕 掛 品	74,000
〃 現　　　金	82,000	〃 製造間接費	18,000

経　　　費			
⑸ 現　　　金	48,000	⑹ 仕 掛 品	10,000
		〃 製造間接費	38,000

仕　掛　品			
⑵ 肥 料 費	37,000	⑻ 製　　品	150,000
⑷ 賃 金 手 当	74,000		
⑹ 経　　費	10,000		
⑺ 製造間接費	79,000		

製 造 間 接 費			
⑵ 肥 料 費	23,000	⑺ 仕 掛 品	79,000
⑷ 賃 金 手 当	18,000		
⑹ 経　　費	38,000		

指示書別原価計算表　　　（単位：円）

摘　要	ジャガイモ	ニンジン	タマネギ	合　計
直接材料費	15,000	12,000	10,000	37,000
直接労務費	30,000	24,000	20,000	74,000
直 接 経 費	10,000	—	—	10,000
製造間接費	35,000	24,000	20,000	79,000
合　　計	90,000	60,000	50,000	200,000
備　　考	収　穫	収　穫	未 収 穫	

２．農業簿記会計の決算

　農業簿記会計の決算は、１会計期間を前提として会計期末に行われる年次決算が基本となる。これは、米や麦のように年１作の作物が多いためである。ただし、野菜などの園芸作物を栽培する農企業においては、四半期末に行われる四半期決算や毎月末に行われる月次決算が採用される場合もある。

⑴　年次決算

　年次決算では、１会計期間の経営成績及び会計期末の財政状態を明らかにする。

　四半期決算又は月次決算によらない場合は、すべての収益及び費用の諸勘定を年次損益勘定へ振り替えて締め切る。一方、四半期決算又は月次決算による場合は、主たる営業活動以外の活動によって生じた収益及び費用の諸勘定を年次損益勘定へ振り替えて締め切る。次に、年次損益勘定の差額（当期純利益）を繰越利益剰余金勘定へ振り替えて年次損益勘定を締め切る。

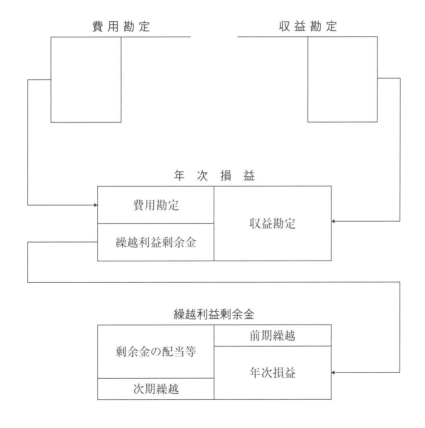

⑵　**四半期決算又は月次決算**

　四半期決算又は**月次決算**では、主たる営業活動（製造・販売・一般管理活動）の成果を明らかにする。

　主たる営業活動によって生じた収益及び費用の諸勘定は、四半期末又は月末残高を四半期損益勘定又は月次損益勘定へ振り替えて締め切る。次に、四半期損益勘定又は月次損益勘定の差額（営業利益）を年次損益勘定へ振り替えて四半期損益勘定又は月次損益勘定を締め切る。

第2章　費目別計算

第1節　費目別計算総論

　わが国の原価計算基準においては、費目別計算は以下のように規定されている。農業簿記においても、原価計算基準に準じて考えていくことになる。

1．費目別計算の意義

『基準』九

　　原価の費目別計算とは、一定期間における原価要素を費目別に分類測定する手続をいい、財務会計における費用計算であると同時に、原価計算における第一次の計算段階である。

2．原価の分類

『基準』一〇

　　費目別計算においては、原価要素を、原則として、形態別分類を基礎とし、これを直接費と間接費とに大別し、さらに必要に応じ機能別分類を加味して、たとえば次のように分類する。…（後略）

第2節　材料費の計算

1．材料費

`『基準』八(一)`
> 材料費とは、物品の消費によって生ずる原価をいい…(後略)

（注）　購入したのみでは材料費にならないことに注意する。

2．材料費の計算

⑴　出入記録を行う材料について

`『基準』一一(一)`
> 　直接材料費、補助材料費等であって、出入記録を行なう材料に関する原価は、各種の材料につき原価計算期間における**実際の消費量**に、**その消費価格を乗じて計算**する。

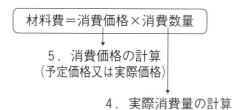

材料費＝消費価格×消費数量

　　5．消費価格の計算
　（予定価格又は実際価格）

　　　4．実際消費量の計算

⑵　出入記録を行わない材料について

`『基準』一一(五)`
> 　間接材料費であって、工場消耗品、消耗工具器具備品等、継続記録法又はたな卸計算法による出入記録を行なわないものの原価は、原則として**当該原価計算期間における買入額**をもって計算する。

　農業簿記においては、工場消耗品費等は農具費等で示され経費として扱われる。

〔まとめ〕

　　　　直接材料費　→　主要材料費等　｜
　　　　　　　　　　　　　　　　　　　　　消費価格×実際消費量
　　　　間接材料費　→　補助材料費等　｜

3．材料費の分類

農業簿記においては、材料費は一般に以下のように分類される。

1）　耕種農業

　種　苗　費：農作物の種や苗に要する費用

　肥　料　費：農作物の生産に用いられる肥料に要する費用

　農　薬　費：農作物の生産に用いられる農薬に要する費用

　諸材料費：その他の材料費

なお、施設園芸の場合には、ハウスの暖房に関わる原価の費目として、燃油費を追加することができる。

2）　畜産農業

　素　畜　費：畜産物の素畜（豚、鶏）などに要する費用

　飼　料　費：畜産物の飼育に用いられる飼料に要する費用

　敷　料　費：牛の寝床に敷く稲わら、おがくず、もみがらなどに要する費用

　諸材料費：その他の材料費

工業簿記においては、材料費は一般に以下のように分類される。

a）　素　　　材　　　費…製品の製造に関して消費され、製品の基本的な実体となって再現する物的財貨の消費によって発生する原価であり、時に原料費と呼ばれることがある。

b）　買　入　部　品　費…加工することなく、そのまま製品に取り付けられて、その組成部分となる買入部品の消費によって発生する原価である。

c）　燃　　　料　　　費…石炭・重油などの物品を消費することによって発生する原価である。

d）　工　場　消　耗　品　費…製品の実体を構成するものではなく、薬品・油類・雑品（サンドペーパー、作業帽など）のように、製品の製造に際し、あるいは保全管理などのために消耗的に使用される物品の消費によって発生する原価である。

e）　消耗工具器具備品費…耐用年数1年未満、又は取得原価が相当額未満のため固定資産として扱われない物品の消費によって発生する原価である。

４．実際消費量の計算

実際消費量を計算するには、**継続記録法**と**棚卸計算法**がある。

> **『基準』――㈡**
>
> 　材料の実際の消費量は、原則として継続記録法によって計算する。ただし、材料であって、その消費量を継続記録法によって計算することが困難なもの又はその必要のないものについては、たな卸計算法を適用することができる。

①　継続記録法

　材料の受入れと払出しの都度、受入数量、払出数量をその元帳に記入することで、材料の出庫数量を直接把握し、常に帳簿残高を明らかにする方法である。

　期末に実地棚卸を行うことにより、元帳上の数量と比較することで、棚卸減耗を把握することができる。→６.棚卸減耗損　参照

②　棚卸計算法

　材料の受入記録と、期末に実地棚卸を行うことにより、実際消費量を把握する方法である。

> **材料の消費量＝期首在庫量＋期中仕入量－期末在庫量**

> **【例題２－１】継続記録法と棚卸計算法**
>
> 　継続記録法及び棚卸計算法により、原材料勘定を記入しなさい。
>
> 　４月１日：前月より材料（肥料）20kg（単価@100円）が繰り越された。
>
> 　４月10日：材料（肥料）30kgを単価@100円にて掛購入した。
>
> 　４月15日：材料（肥料）30kgを製品Aに消費した。
>
> 　４月20日：材料（肥料）40kgを単価@100円にて掛購入した。
>
> 　４月25日：直接材料として材料（肥料）25kg消費した。
>
> 　４月30日：実地棚卸の結果、材料（肥料）30kgと認識された。
>
> **【解答】**（単位：円）
>
> | 原材料（継続記録法） | | 原材料（棚卸計算法） | |
> |---|---|---|---|
> | 4/1 前月繰越 2,000 | 4/15 仕掛品 3,000 | 4/1 前月繰越 2,000 | 4/30 次月繰越 3,000 |
> | 4/10 買掛金 3,000 | 4/25 仕掛品 2,500 | 4/10 買掛金 3,000 | 4/30 当月消費 6,000 |
> | 4/20 買掛金 4,000 | 4/30 棚卸減耗損 500 | 4/20 買掛金 4,000 | |
> | | 4/30 次月繰越 3,000 | | |

継続記録法・棚卸計算法の長所及び短所のまとめ

	長　　所	短　　所
継続記録法	①　実地棚卸により棚卸減耗の把握ができる ②　材料在高を継続的に把握できる ③　払出しの目的・用途別の測定ができる	手数がかかる
棚卸計算法	手数がかからない	①　棚卸減耗の把握ができない ②　材料在高を継続的に把握できない ③　払出しの目的・用途別の測定ができない

5．消費価格の計算

⑴　実際価格と予定価格

> ──『基準』──㈢──
>
> 　材料の消費価格は、原則として購入原価をもって計算する。
>
> 　…(中略)…
>
> 　材料の消費価格は、必要ある場合には、予定価格等をもって計算することができ
> る。

```
原則：実際価格法    ①　個別法
     （購入原価）  ②　先入先出法（first-in first-out method）
                  ③　後入先出法（last-in first-out method・その都度後入先出法、
                                期間後入先出法）
                  ④　平均法（総平均法、移動平均法）
例外：予定価格法
```

　材料の消費価格とは、消費した材料の購入単位原価のことを意味している。しかし、原価計算期間中に異なる購入単位原価の材料が存在する場合、払い出した材料の購入単位原価がいくらであるかを決定するため、ルールが必要となる（※継続記録法を前提としている）。

①　**個　別　法**：消費される材料がいつ、いくらで、どこから仕入れたものかを個別的に
　　　　　　　　　　認識する方法

②　**先入先出法**：先に仕入れた材料を先に消費すると考える方法

③　**後入先出法**：後に仕入れた材料を先に消費すると考える方法

　　　　　　　　　　払出しの都度、考え方を適用→その都度後入先出法

　　　　　　　　　　1期間に仕入れた材料すべてに対して、考え方を適用→期間後入先出法

④　**平　均　法**：複数の仕入単価の材料の平均単価を計算する方法

　　　　　　　　　　材料の仕入れを行った時点で、平均単価を計算→移動平均法

　　　　　　　　　　1期間が終了した後に計算→総平均法

　（注）　後入先出法については現在その適用は認められていない（『棚卸資産の評価に関する会計
　　　　基準』企業会計基準委員会2008年9月企業会計基準第9号）。また、国際会計基準において
　　　　も後入先出法の適用は認められておらず、国際会計との調和の観点からも、その適用はでき
　　　　ないと解されている。

【例題2－2】実際消費価格による材料費の算定

　当月の材料（肥料）の購入と払出しに関する資料は以下のとおりである。この資料に基づき、①先入先出法、②移動平均法、③総平均法によって、当月の材料消費高を計算しなさい。

　4月1日：前月より126円/kgの材料（肥料）20kgが繰り越された。

　4月10日：132円/kgの材料（肥料）30kgを掛購入した。

　4月15日：材料（肥料）30kgを消費した。

　4月20日：135円/kgの材料（肥料）40kgを掛購入した。

　4月25日：材料（肥料）25kgを消費した。

　4月30日：実地棚卸の結果、材料（肥料）35kgが認識された。

【解答】

① 　7,155円

② 　7,218円

③ 　7,260円

　材料元帳の記入方法は、商品有高帳と同じである。当月消費額は、出庫欄参照。

【解説】

①　先入先出法

日	摘要	入庫 数量(kg)	入庫 単価(円/kg)	入庫 金額(円)	出庫 数量(kg)	出庫 単価(円/kg)	出庫 金額(円)	残高 数量(kg)	残高 単価(円/kg)	残高 金額(円)
1	繰越	20	126	2,520				20	126	2,520
10	入庫	30	132	3,960				20 30	126 132	2,520 3,960
15	出庫				20 10	126 132	2,520 1,320	20	132	2,640
20	入庫	40	135	5,400				20 40	132 135	2,640 5,400
25	出庫				20 5	132 135	2,640 675	35	135	4,725
	計 （残高）				55		7,155			
					35	135	4,725			
		90		11,880	90		11,880			

② 移動平均法

日	摘要	入　庫			出　庫			残　高		
		数量 (kg)	単価 (円/kg)	金額 (円)	数量 (kg)	単価 (円/kg)	金額 (円)	数量 (kg)	単価 (円/kg)	金額 (円)
1	繰越	20	126	2,520				20	126	2,520
10	入庫	30	132	3,960				50	129.6	6,480
15	出庫				30	129.6	3,888	20	129.6	2,592
20	入庫	40	135	5,400				60	133.2	7,992
25	出庫				25	133.2	3,330	35	133.2	4,662
	計				55		7,218			
	(残高)				35	133.2	4,662			
		90		11,880	90		11,880			

③ 総平均法

日	摘要	入　庫			出　庫			残　高		
		数量 (kg)	単価 (円/kg)	金額 (円)	数量 (kg)	単価 (円/kg)	金額 (円)	数量 (kg)	単価 (円/kg)	金額 (円)
1	繰越	20	126	2,520				20		
10	入庫	30	132	3,960				50		
15	出庫				30			20		
20	入庫	40	135	5,400				60		
25	出庫				25			35		
	計				55		*2 7,260			
	(残高)				35	132	4,620			
		90	*1 132	11,880	90		11,880			

＊1：11,880円÷90kg＝132円/kg

＊2：11,880円－4,620円＝7,260円

　実際価格は、広く使用されるが、①原価計算の遅れ、②価格の上下により原価が異なる、という問題点を有することから、予め決定しておいた**予定消費価格**を利用することがある。農業簿記においても、耕種農業において春先に通年で使用する種苗等の手当てを行うことなどがみられることから、材料について予定消費価格を利用することは十分に想定できる。

〈予定価格を利用する利点〉

1）　計 算 の 迅 速 化：材料の実際消費価格の計算を待たずに材料費の計算ができる
ので、それだけ原価の計算が迅速化される。

2）　原価の比較性の確保：同一材料を常に同一価格で測定することで、同一製品の原価
を同じ条件で比較することが可能となり、そこから得られる
原価資料を経営管理に活用することができる。

　なお、予定価格を用いた場合、以下の手順が必要となる。

①　材料消費価格差異を算定する。

> 材料消費価格差異＝予定価格による消費額－実際価格による消費額
> 　　　　　　　　　＝予定価格×実際消費量－実際価格×実際消費量

『基準』四五㈢参照

②　（①で算定した）差異を、原則として、売上原価に振り替える。

　有利差異は売上原価から減算し、**不利差異**は売上原価に加算する。

【例題 2 - 3】予定消費価格による材料費の算定及び差異の算定

　当月の材料の購入と払出しに関する資料は以下のとおりである。予定消費価格が
130円/kgであった場合の材料消費高及び材料消費価格差異を計算しなさい。なお、実
際消費価格は先入先出法で計算する。

　　4月1日：前月より126円/kgの材料20kgが繰り越された。

　　4月10日：132円/kgの材料30kgを掛購入した。

　　4月15日：材料30kgを消費した。

　　4月20日：135円/kgの材料40kgを掛購入した。

　　4月25日：材料25kgを消費した。

　　4月30日：実地棚卸の結果、材料35kgが認識された。

【解答】

　材料消費高：7,150円　（130円/kg×（30kg＋25kg））

　材料消費価格差異：5円（不利差異）（7,150円－7,155円＝－5円）

⑵　購入原価の計算

① 購入原価の構成内容

　理論的にいえば、材料を倉庫から出庫可能な状態にするまでに要した原価は、すべてその材料の購入原価とすべきである。購入代価以外に、以下の2種類の付随費用（材料副費）があげられる。

　（ⅰ）　企業の外部で発生する材料副費（**外部材料副費又は引取費用**という）

　　　例：買入手数料、引取運賃、荷役費、保険料、関税など

　（ⅱ）　企業の内部で発生する材料副費（**内部材料副費**という）

　　　例：購入事務費、検収費、整理費、選別費、手入費、保管費など

② 購入原価の範囲

　理論的には、すべての材料副費を購入原価に算入すべきであるが、実務上すべての材料副費を購入原価に算入することが困難なので、必要ある場合には材料副費の一部を加算しないことが認められている。

『基準』――㈣

　材料の購入原価は、原則として、実際の購入原価とし、次のいずれかの金額によって計算する。

　１．購入代価に**買入手数料、引取運賃、荷役費、保険料、関税等材料買入に要した引取費用**を加算した金額

　２．購入代価に**引取費用**ならびに***購入事務、検収、整理、選別、手入、保管等に要した費用***（引取費用と合わせて以下これを「材料副費」という。）を加算した金額。ただし、必要ある場合には、***引取費用以外の材料副費***の一部を購入代価に加算しないことができる。

太字：引取費用（外部材料副費）　　　***太字斜体***：内部材料副費

1．	購入原価＝購入代価＋引取費用
2．	購入原価＝購入代価＋引取費用＋内部材料副費
2.但	購入原価＝購入代価＋引取費用＋内部材料副費の一部

　なお、農業簿記では、種苗、素畜など、購入後に倉庫などで保管せずに、生産工程の始点で投入されて消費される材料については、材料勘定を使用せず、種苗費などの勘定科目を用いて仕訳する。

　　　（種　　苗　　費）　×××　　（買　　掛　　金）　×××
　　　　　　　　　　　　　　　　　　（未　　払　　金）　×××

　また、農業簿記では、飼料などの間接材料費のように棚卸計算法によって消費量を算定する材料については、購入時に材料勘定を使用せず、肥料費などの勘定科目を用いて以下のように仕訳をすることがある。

　　　（肥　　料　　費）　×××　　（買　　掛　　金）　×××
　　　　　　　　　　　　　　　　　　（未　　払　　金）　×××

　この場合には、材料の期末の棚卸しについては以下のような仕訳をすることになる。

　　　（原　　材　　料）　×××　　（肥　　料　　費）　×××

【例題2－4】購入原価の算定①

１．材料主費（購入代価）
　　送り状価額　100,000円（100kg）

２．材料副費

購入事務費	900円	買入手数料	1,100円	引取運賃	1,000円
検 収 費	400円	整 理 費	300円	荷 役 費	500円
選 別 費	100円	保 険 料	800円	関 税	600円
手 入 費	200円	保 管 費	700円		

問(1)　材料副費のうち引取費用（外部材料副費）のみを含める場合の購入原価を算定しなさい。

　(2)　材料副費のうち引取費用（外部材料副費）と内部材料副費のうち購入事務費と検収費のみを含める場合の購入原価を算定しなさい。

　(3)　すべての材料副費を含める場合の購入原価を算定しなさい。

【解答】

(1)　104,000円

(2)　105,300円

(3)　106,600円

【解説】

(1)　購入原価：購入代価＋引取費用

　　　　　　　　（＝買入手数料＋引取運賃＋荷役費＋保険料＋関税）＝104,000円

(2)　購入原価：購入代価＋引取費用＋購入事務費＋検収費＝105,300円

(3)　購入原価：購入代価＋すべての材料副費＝106,600円

【参考】

(2)の場合における勘定記入

　月初の材料在高はなく、当月に購入した材料100kgのうち、70kgは直接材料、20kgは間接材料であり、残りの10kgは在庫となっているものとする。また、購入原価に算入しない材料副費は間接経費に属する項目とする。

材 料 副 費		（単位：円）			材　　料		（単位：円）	
諸　　口	6,600	材　　　料	5,300	買 掛 金	100,000	仕 掛 品	73,710
		製造間接費	1,300	材料副費	5,300	製造間接費	21,060
						次 月 繰 越	10,530

直接材料費：105,300円÷100kg×70kg＝73,710円

間接材料費：105,300円÷100kg×20kg＝21,060円

次 月 繰 越：105,300円÷100kg×10kg＝10,530円

---

③　材料副費の予定配賦（計算の遅延を防ぐ方法①）

『基準』――㈣

　購入代価に加算する材料副費の一部又は全部は、これを予定配賦率によって計算することができる。予定配賦率は、一定期間の材料副費の予定総額を、その期間における材料の予定購入代価又は予定購入数量の総額をもって除して算定する。

なお、この場合、**材料副費配賦差異**が生じる。　　　　　　　　　『基準』四五㈠参照

―【例題2-5】購入原価の算定② ―――――――――――――――――――

当社では、計算の遅延化を防ぐために内部材料副費について予定配賦計算を行っている。そこで次の資料に基づき、以下の諸問に答えなさい。

1．年間材料予算

(1) 予定購入量：40,000kg

(2) 購入代価総額：20,000,000円

(3) 引取費用（外部材料副費）：1,080,000円

(4) 内部材料副費：680,000円

2．当月材料実績

(1) 実際購入量：3,000kg

(2) 実際購入代価：1,506,000円

(3) 引取費用（外部材料副費）実際発生額：84,000円

(4) 内部材料副費実際発生額：50,600円

問(1) 年間予定購入量を基礎として内部材料副費予定配賦率（一括配賦率）を求めなさい。

(2) 実際購入原価を算定しなさい。

(3) 当月実績より、材料副費配賦差異を算定しなさい。

【解答】

(1) 17円/kg

(2) 1,641,000円

(3) 400円（有利）

【解説】

(1) 680,000円÷40,000kg＝17円/kg

問題文より、内部材料副費のみ予定配賦計算を行い、外部材料副費は予定配賦計算を行わない。

(2) 1,506,000円＋84,000円＋17円/kg×3,000kg＝1,641,000円

内部材料副費は予定配賦計算を行う

(3) 17円/kg×3,000kg－50,600円＝400円（有利＝貸方）

④　購入原価に算入しない材料副費の処理（計算の遅延を防ぐ方法②）

『基準』――㈣

　材料副費の一部を材料の購入原価に算入しない場合には、これを間接経費に属する項目とし又は材料費に配賦する。

⑤　値引・割戻等

『基準』――㈣

　購入した材料に対して値引又は割戻等を受けたときには、これを材料の購入原価から控除する。ただし、値引又は割戻等が材料消費後に判明した場合には、これを同種材料の購入原価から控除し、値引又は割戻等を受けた材料が判明しない場合には、これを当期の材料副費等から控除し、又はその他適当な方法によって処理することができる。

⑥　予定受入価格（予定購入価格）の利用

> **『基準』——㈣**
>
> 　材料の購入原価は、必要ある場合には、予定価格等をもって計算することができる。

　予定消費価格の場合と同じように、農業簿記においても予定受入価格を適用する場合も想定できる。

　また、その際には材料受入価格差異が算定される。

利点
1)　**計算の迅速化**：材料元帳の受払記録は数量のみにとどめることができるため、計算手続を非常に簡素化できる。
2)　**原価の比較性の確保**：生産活動以外の要因から生ずる原価の変動が排除され、材料費の変化を一層的確に伝えることができる。
3)　**購買管理**：材料の価格変動は、主として市場の動向と購買業務の巧拙によってきまるから、購買管理に役立つ資料が得られる。

材料受入価格差異＝（予定受入価格－実際受入価格）×実際受入数量

『基準』四五㈡参照

> **【例題2－6】材料受入価格差異の算定**
>
> 　当社では、購入の都度予定価格（2,500円/kg）で受入計算を行っている。材料受入価格差異合計を算定しなさい。
>
> 　当月の入庫の状況は以下のとおりである。
>
> 　4/5：500kg（2,510円/kg）　　4/20：300kg（2,520円/kg）
>
> **【解答】**
>
> 　11,000円（不利）
>
> **【解説】**
>
> 　（2,500円/kg－2,510円/kg）×500kg＋（2,500円/kg－2,520円/kg）×300kg
>
> 　＝－11,000円（不利差異）

〈材料費の分類と計算及び処理の体系図〉

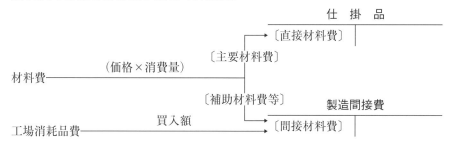

6．棚卸減耗損

　月末に実地棚卸を行うと、原材料の減失、紛失、毀損、鼠害などによって帳簿数量と実地棚卸数量が一致しないことがある。この帳簿数量と実地棚卸数量の差額を**棚卸減耗**といい、これに消費単価を乗じて計算されるのが**棚卸減耗損**である。当該棚卸減耗損については、農業簿記の材料においても生じる可能性があるものであり、棚卸減耗が生じた場合には、原価計算基準に準じて適切に処理されるべきである。

┌─**【例題2-7】棚卸減耗損**─────────────────

　当月の材料の購入と払出しに関する資料は以下のとおりである。下記三つの場合における、棚卸減耗損の金額を算定しなさい。

⑴　先入先出法に基づき実際消費価格を用いている場合

⑵　予定消費価格（130円/kg）を用いており、実際消費価格は先入先出法に基づき計算している場合

⑶　予定受入価格（130円/kg）を用いている場合

　4月5日：126円/kgの材料20kgを掛購入した。

　4月10日：132円/kgの材料30kgを掛購入した。

　4月15日：直接材料30kgを消費した。

　4月20日：135円/kgの材料40kgを掛購入した。

　4月25日：間接材料25kgを消費した。

　4月30日：実地棚卸の結果、材料30kgが認識された。

【解答】

⑴　675円（＝135円/kg×5kg）

⑵　675円（＝135円/kg×5kg）

⑶　650円（＝130円/kg×5kg）

【解説】

(1) 実際消費価格

	材	料	
前 月 繰 越	—	仕 掛 品	3,840
買 掛 金	11,880	製 造 間 接 費	3,315
		棚 卸 減 耗 損	*1 675
		次 月 繰 越	4,050

＊1：期末帳簿有高は、20kg＋30kg－30kg＋40kg－25kg＝35kg

実地棚卸の結果、材料30kgが認識され、35kg－30kg＝5kgの棚卸減耗が把握される。

(2) 予定消費価格

	材	料	
前 月 繰 越	—	仕 掛 品	3,900
買 掛 金	11,880	製 造 間 接 費	3,250
		材料消費価格差異	5
		棚 卸 減 耗 損	*2 675
		次 月 繰 越	4,050

＊2：棚卸減耗は、"消費"ではないため、予定消費価格を用いて算定しないこと。

(3) 予定受入価格

	材	料	
前 月 繰 越	—	仕 掛 品	3,900
買 掛 金	*3 11,700	製 造 間 接 費	3,250
		棚 卸 減 耗 損	*4 650
		次 月 繰 越	3,900

＊3：130円/kg×(20kg＋30kg＋40kg)＝11,700円

購入時に予定受入価格を利用する。

※　購入時の仕訳

（材　　　料）　11,700　　（買　掛　金）　11,880

（材料受入価格差異）　180

＊4：130円/kg×5kg＝650円

購入時に予定価格を利用しているため、棚卸減耗となる材料も、単価は130円となる。

第3節　労務費の計算

1．労務費

『基準』八㈠

（前略）…労務費とは、労働用役の消費によって生ずる原価をいい…（後略）

　労務費とは、製品の製造のために消費された労働力について発生する原価である。例えば、賃金、給料などがあげられ、一般に人件費というが、原価計算では労務費と呼ぶ。

2．労務費の分類

　農業簿記においては以下のような例示となる。

a）　賃金手当

b）　給料

c）　雑給

d）　賞与

e）　法定福利費

f）　福利厚生費

　就業規則等の定めに基づく退職金などの退職給付制度を採用している農業法人においては、退職給付引当金繰入額（退職給付費用）を追加する。中小企業退職金共済制度、特定退職金共済制度のように拠出以後に追加的な負担が生じない外部拠出型の制度については、当制度に基づく要拠出額である掛金を福利厚生費に含めて処理する。

　なお、工業簿記では以下のように労務費は分類され説明されている。

a）　賃　　　　金…工員たる従業員の提供した労働力に対して支払われる給与である。
　　　　　　　　　　賃金は、基本給（基本賃金）と加給金からなる。

　　　　　　　　㈤　基本給は、時間給制の場合には支払賃率×就業時間、出来高給制の場合には支払賃率×出来高として計算される。

　　　　　　　　㈥　加給金は、基本賃金のほかに支払われるものであって、時間外手当・深夜作業手当・危険作業手当・不快作業手当・生産奨励金・能率手当など作業に直接関係のある手当をいう。

b）　給　　　　料…工場長やその他これに準ずる工場監督者、工場事務員、技師などの工場関係の知的職種や事務管理に従事している従業員の労働に対して支払われる給与である。

c）　雑　　　　給…臨時的に雇用する労務者、学生アルバイトなどの労働者の提供した労働力に対する給与である。

　d）　従業員賞与・手当…従業員に対して支払われる賞与のほか、通勤手当、家族手当、住宅手当
　　　　　　　　　　　　　　など作業に直接関係のない手当である。

　e）　退 職 給 付 費 用…労働協約又は就業規則に定める退職給付規定など正規の規定に従って、
　　　　　　　　　　　　　　退職給付引当金に繰り入れられる額で、製造関係の従業員に対するもの
　　　　　　　　　　　　　　をいう。

　f）　法 定 福 利 費…健康保険法、厚生年金保険法、労働者災害保障保険法、失業保険法に基
　　　　　　　　　　　　　　づく社会保険料負担額のうち、会社側で負担する額である。

3．労務費の計算

⑴　直接労務費と間接労務費への分類

　工業簿記においては、以下の分類がおこなわれる。

①　労働者の種類

　直接工：主に、製品製造のため、直接にその加工作業（直接作業）を行う工員

　間接工：直接作業以外の作業（間接作業）に従事する工員

　その他事務職員

②　直接労務費と間接労務費の分類

形態別分類			製品との関連における分類
賃金	直接工賃金	直接作業分	直接労務費
		直接作業以外	間接労務費
	間接工賃金	間接作業のみ	
給料			
雑給			
従業員賞与手当			
退職給付費用			
法定福利費			

　なお、農業簿記における原価計算では一般的に間接工や事務職員について区分することは行われない。したがって、以下の説明にあたっては工業簿記における直接工のみが農作業に従事する作業員と捉えて説明していく。また、農業簿記においては、作業員の作業のうち間接労務費に分類される金額が多くなると考えられる。

⑵　賃金給料の支払い
①　給与計算期間が原価計算期間と一致する場合

　給与を支払う対象とする期間のことを**給与計算期間**という。原価計算期間は通常、暦日の1カ月（1日から末日まで）であり、その期間の原価計算を行う。これに対し、給与計算期間が一致していれば、当月の支払額がそのままその月の消費賃金となる。

　この給与計算期間によって計算された支払賃金に通勤手当などの諸手当を加えた金額を**給与支給総額**という。このうち、会社が源泉所得税等を差し引いて現金支給する金額を**現金支給総額**という。

> 支払賃金＝基本賃金*＋加給金
> 　＊：支払賃率×就業時間
> 給与支給総額＝支払賃金＋諸手当
> 現金支給総額＝給与支給総額－社会保険料・所得税等控除額

　加給金：基本給のほかに支払われる作業に直接に関係のある手当で、定時間外作業手当（残業手当）、深夜手当、危険作業手当などの割増賃金からなる。

②　給与計算期間が原価計算期間と一致しない場合

　実務上は、毎月21日から20日までを給与計算期間とし、25日に給与を支払う企業も多く、給与計算期間と原価計算期間が一致しないことが多い。この場合には、当月の支払額をそのままその月の消費賃金とすることは不適切であり、以下のように計算する。

> 原価計算期間の要支払額＝給与計算期間の支給総額－前月末未払額＋当月末未払額

前月21日	前月末日	当月20日	当月末日
給　与　計　算　期　間		当月末未払額	
前月末未払額	原　価　計　算　期　間		

〈仕訳〉

① 前月21日から末日までの賃金給料は、支払われていない。よって、前月末には未払費用勘定の貸方に計上されている。これを賃金給料勘定の貸方に振り替える。

（未　払　費　用）　　××　　　（賃　金　給　料）　　××

② 当月25日には、賃金給料が支払われる。

（賃　金　給　料）　　××　　　（現　　　　　　金）　　××
　　　　　　　　　　　　　　　　　（預　　り　　金）　　××

③ 当月末日には、直接労務費と間接労務費の消費部分が判明する。

（仕　　掛　　品）　　××　　　（賃　金　給　料）　　××
（製　造　間　接　費）　××

④ 当月末日には、未払賃金給料が支払われていない。よって、未払費用勘定の貸方に計上される。

（賃　金　給　料）　　××　　　（未　払　費　用）　　××

【例題2－8】賃金給料の支払い（未払賃金給料のあるケース）

次の取引の仕訳を行いなさい。

5月1日：前月末の未払額は20,000円であった。

5月25日：当月支給総額は190,000円であり、預り金30,000円を差し引き現金で支払った。

5月31日：直接労務費150,000円と間接労務費50,000円を消費した。

5月31日：当月末の未払額は30,000円であった。

【解答】 （単位：円）

5月1日：（未　払　費　用）　　20,000　　　（賃　金　給　料）　　20,000

5月25日：（賃　金　給　料）　190,000　　　（現　　　　　金）　160,000
　　　　　　　　　　　　　　　　　　　　　　（預　　り　　金）　　30,000

5月31日：（仕　　掛　　品）　150,000　　　（賃　金　給　料）　200,000
　　　　　　（製　造　間　接　費）　50,000

5月31日：（賃　金　給　料）　　30,000　　　（未　払　費　用）　　30,000

⑶　労務費の計算

作業員の労務費は、賃率に就業時間を乗じて算定される。

> 作業員の労務費＝消費賃率×就業時間

①　作業員の勤務時間は、下記のように分類されている。

勤　　務　　時　　間			
就　　業　　時　　間			定時休憩時間・不在時間
作　　業　　時　　間		手　待　時　間	
直接作業時間	間接作業時間		
段取時間／加工時間			

　　　　直接労務費の対象　　　　　　間接労務費の対象

直接作業時間：特定の農産物1作の生産に要した作業時間である。当該直接作業時間に
　　　　　　　該当する労務費は、直接労務費となる。

段　取　時　間：農作業を行うための準備時間

間接作業時間：特定の農産物1作に対して行う作業ではなく、共通的な作業などに要す
　　　　　　　る作業時間である。当該間接作業時間に基づいて計算された労務費は、
　　　　　　　間接労務費となる。

手　待　時　間：作業員の責任以外の原因によって作業が行えなかった時間であり、一時
　　　　　　　的な天候不順によって作業が行えなくなった場合などの時間である。当
　　　　　　　該手待時間に基づいて計算された労務費は、間接労務費となる。

〈参考〉　手待時間と不在時間

　　手待時間は、工業簿記においては、材料、工具等の手配の不良、停電など工員自身の責に帰
　し得ない不働時間からなる。農業簿記においては、一時的な天候不順による農作業の停止など
　の不働時間である。一方、不在時間は、私用外出などからなる職場（農場）離脱時間であり、
　原則として賃金の支払対象とはならない。

② 作業員の消費賃率には、材料費の計算と同様に、実際消費賃率か予定消費賃率が使用される。

イ　原則：実際消費賃率

　実際消費賃率は、実際に計算された基本給及び加給金を、その月の実際就業時間で除して求める。

$$作業員の実際消費賃率＝\frac{一定期間の作業員支払賃金}{一定期間の作業員の就業時間}$$

ロ　例外：予定消費賃率

　実際消費賃率による計算は、①原価計算の遅れ、②賃率の上下により原価が異なる、という問題点を有することから、予め決定しておいた**予定消費賃率**を利用することがある。**予定消費賃率**は、予算期間における基本給及び加給金の予算額を、同じ期間における予定就業時間で除して求める。

$$作業員の予定消費賃率＝\frac{一定期間の作業員支払賃金の予算額}{一定期間の作業員の予定就業時間}$$

（ⅰ）予定消費賃率を使用している場合、実際消費賃率を使用した賃金との差額を賃率差異として認識する。

$$賃率差異＝予定賃率を使用した作業員賃金－実際賃率を使用した作業員賃金$$

（ⅱ）（ⅰ）で算定した差異を、原則として、売上原価に振り替える。

　　　有利差異は売上原価から減算し、不利差異は売上原価に加算する。

【例題 2 − 9】作業員労務費の計算～予定消費賃率を用いる場合～

次の資料に基づき、直接労務費と間接労務費、及び、賃率差異を計算しなさい。

１．就業時間　2,000時間

２．作業時間の内訳

直接作業時間　1,500時間　　　間接作業時間　480時間　　　手待時間　20時間

３．実際消費賃金　1,200,000円

４．予定消費賃率　550円/時間

【解答】

(1)　直接労務費：825,000円

(2)　間接労務費：275,000円

(3)　賃率差異：100,000円（不利差異）

【解説】

(1)　直接労務費：550円/時間×1,500時間＝825,000円

(2)　間接労務費：550円/時間×（480時間＋20時間）＝275,000円

(3)　賃率差異：825,000円＋275,000円−1,200,000円＝−100,000円（不利差異）

⑷　消費賃率の分類

　消費賃率については、個人別か職種・作業種別か農家・農企業全体かの観点で区分でき、またそのそれぞれについて実際消費賃率か予定消費賃率かの区分もできるため、次のように大きく分けることができる。

【例題2−10】作業員の消費賃率

作業員の労務費にかかる下記の資料に基づいて、諸問に答えなさい。

1．当月の各作業の賃金

（1）稲作作業

	基 本 給	就 業 時 間
A 氏	45,000円	90時間
B 氏	28,000円	70時間

（2）野菜作業

	基 本 給	就 業 時 間
C 氏	17,000円	50時間
D 氏	10,000円	40時間

2．原価計算期間と給与計算期間は一致している。

問(1)　個別賃率を求めなさい。

(2)　総平均賃率を求めなさい。

(3)　職種別平均賃率を求めなさい。

【解答】

(1)　A氏：500円/時間　　　B氏：400円/時間

　　　C氏：340円/時間　　　D氏：250円/時間

(2)　400円/時間

(3)　稲作作業：456.25円/時間　　野菜作業：300円/時間

【解説】

(1)　A氏：$\dfrac{45,000円}{90時間}=500円/時間$

　　　B氏：$\dfrac{28,000円}{70時間}=400円/時間$

　　　C氏：$\dfrac{17,000円}{50時間}=340円/時間$

　　　D氏：$\dfrac{10,000円}{40時間}=250円/時間$

(2)　$\dfrac{45,000円+28,000円+17,000円+10,000円}{90時間+70時間+50時間+40時間}=400円/時間$

(3)　稲作作業：$\dfrac{45,000円+28,000円}{90時間+70時間}=456.25円/時間$

　　　野菜作業：$\dfrac{17,000円+10,000円}{50時間+40時間}=300円/時間$

〈望ましい賃率〉

(i)　実際賃率と予定賃率の比較

　実際賃率と予定賃率を比較すると、①**計算の迅速化**や②**原価の比較性の確保**という観点から、**予定賃率が望ましい**といえる。

(ii)　個別賃率と職種・作業種別平均賃率と総平均賃率の比較

　個別賃率は、作業員各自の定められた賃率である。このため、手数がかかり、同じ農作業であっても、誰が行うかによって賃率が異なってしまう。また、総平均賃率は、農場全体の作業員を対象に一括して算定した賃率である。このため、支払われる賃金が職種・作業種別ごとに異なる実態を反映しない。以上から、職種・作業種別平均賃率が望ましいといえる。

　ただし、このような帰結はあくまでも大規模農業で多くの作業員を雇用する場合に妥当なものであり、小規模農業において少ない作業員の場合には、個別賃率で計算処理を行ったとしても何ら差し支えないといえる。

　よって、消費賃率としては**予定職種別平均賃率が最善**であり、その算定式は以下のようになる。

$$予定職種別平均賃率 = \frac{同一職種に属する作業員の基本給予定額合計＋加給金予定額合計}{その職種・作業種に属する作業員の予定総就業時間}$$

(5)　定時間外作業（超過勤務）手当の処理

　作業員の定時間外作業手当を消費賃率算定の要素とせず、別建てで処理する場合、割増分の賃金を直接労務費として処理する場合と間接労務費として処理する場合がある。

①　直接労務費として処理する場合

　工業簿記において、定時間外作業を通常予定しておらず、発注者の要望等により特定の個別製品に対して定時間外作業を行った場合、当該時間に関する割増賃金は直接労務費として処理される。農業においてもある特定の農作物のために特別に定時間外農作業が必要となった場合には、当該処理が妥当となる。

②　間接労務費として処理する場合

　工業簿記において、定時間外作業を行うのが通常である場合、これを特定の個別製品の直接労務費として処理することは、製品原価の比較性を害し望ましくない。したがって、製造間接費予算の中に予め定時間外作業にかかわる割増賃金を算入しておき、間接労務費として各製品に作業量に応じて均等に配賦する。農業において、通常見積もられる以上の天候不順などの原因によって、特定の農産物のために定時間外の農作業が必要となった場合には、当該処理が妥当である。

【例題 2 −11】 超過勤務手当の処理〜間接労務費として処理する場合〜

　当社は個別原価計算を採用している。5 月における労務費及び製造間接費等に関する以下の資料に基づいて、賃金・手当勘定を作成しなさい。原価計算期間及び給与計算期間は 1 日から末日であり、給与は10日に支給される。

1．予定平均賃率は500円/時である。

2．作業員の作業時間票及び出勤票の要約

　(1)　作業時間票

直接作業時間	300時間
間接作業時間	40時間
合　　　　計	340時間

　(2)　出勤票

定時間内作業	320時間	定時間外作業	20時間
		合　　　計	340時間

　　　定時間外作業手当は、その時間数に予定平均賃率の25％を乗じて計算し、原価計算上は、製造間接費として処理する。

3．給与計算票の要約によると、賃金・手当の支給総額は168,000円である。

【解答】

賃　　金　・　手　　当　　　　　　　(単位：円)			
諸　　　　口	*1 168,000	仕　掛　品	*2 150,000
賃　率　差　異	*4 4,500	製 造 間 接 費	*3 22,500
	172,500		172,500

【解説】

*1：当月賃金支給額（資料 3 ）

*2：500円/時×300時間＝150,000円

*3：$\underbrace{500円/時×40時間}_{（作業員間接作業賃金）}$ ＋ $\underbrace{500円/時×25％×20時間}_{（定時間外作業手当）}$
　　＝22,500円

*4：貸借差額

第4節　経費の計算

1．経　費

┌─『基準』八㈠─────────────────
│　（前略）…経費とは、材料費、労務費以外の原価要素をいい…（後略）
└──────────────────────────

2．経費の分類

　農業簿記における経費の例

a）　農具費

b）　修繕費

c）　動力光熱費

d）　共済掛金

e）　減価償却費

f）　地代賃借料

g）　租税公課

〈耕種農業で考えられる費目〉

a）　作業委託費

b）　農地賃借料

c）　土地改良費

　集落営農における畦畔の草刈、水管理・肥培管理作業などの農作業委託料にかかる費目として**圃場管理費**を追加することも可能である。

〈畜産農業で考えられる費目〉

a）　診療衛生費

b）　預託費

c）　ヘルパー利用費

　農産物加工を行う場合には、委託加工費を追加する。

　なお、農業簿記においては、作業委託費、預託費が直接経費になる可能性がある。その他の費目の多くは、間接経費に分類されると考えられる。

なお工業簿記における分類例を示すと、以下のようになる。

	形 態 別 分 類 『基準』八㈠	製品との関連における分類 『基準』八㈢
経	外 注 加 工 賃 特 許 権 使 用 料	直 接 経 費
費	福利施設負担額、厚生費、 減価償却費、賃借料、保険料、 修繕料、電力料、ガス料、 水道料、租税公課、旅費交通費、 通信費、保管料、棚卸減耗損、 雑費	間 接 経 費

工業簿記における経費の具体例

a）外 注 加 工 賃…外部の業者に材料を供給して加工させ、それを半製品又は部品として引き取る場合に支払う加工賃である。

b）福利施設負担額…福利施設を運営するにあたって企業が負担する費用である。

c）厚　生　費…製造関係の従業員の医療・衛生・保険などのために支払う費用で、先の福利施設負担額以外の諸費用である。

d）賃　借　料…工場用の土地や建物、製造のために使用する機械・器具などを賃借りしている場合に支払う地代・家賃・機械器具賃借料などである。

e）修　繕　料…工場建物・機械・器具などの修繕を企業外の業者に行わせた場合に支払う費用である。

f）租　税　公　課…租税及び公共的出費たる課金であって、固定資産税・事業税・収入印紙代・公共団体賦課金・組合費などの費用である。

g）特 許 権 使 用 料…他人の所有する特許権を使用して、製品の製造を行う場合に支払うものであり、ある特定の期間について支払う場合と、生産高・売上高・利益額を基準として支払う場合とがある。

3．経費の4分類と計算

⑴　支払経費

　特許権使用料、旅費交通費、修繕料、保管料などの経費は、実際に支払った金額をもって当月の消費高とする。ただし、未払いや前払いがある場合には、調整が必要となる。農業簿記においては、作業委託費、農具費、雑費などが考えられる。

①　未払いがある場合

$$当月消費額＝当月支払額＋当月末未払額－前月末未払額$$

②　前払いがある場合

$$当月消費額＝当月支払額－当月末前払額＋前月末前払額$$

【例題2－12】支払経費の算定

　次の経費の当月消費額を計算しなさい。

作業委託費：当月支払高　10,000円　　　前月前払高　2,000円

　　　　　　　当月前払高　1,500円

修　繕　費：当月支払高　7,000円　　　前月未払高　1,000円

　　　　　　　当月未払高　1,200円

【解答】

作業委託費：10,500円（＝10,000円＋2,000円－1,500円）

修　繕　費：7,200円（＝7,000円－1,000円＋1,200円）

---

(2)　月割経費

　保険料や賃借料などは、数カ月分まとめて前払いすることがある。このような場合には、1カ月の負担分を月割計算して、当月の消費高を算定する。農業簿記においては、減価償却費、地代賃借料などがある。

【例題2－13】月割経費の算定

　次の経費の当月消費額を計算しなさい。

　減価償却費：取得原価　600,000円　　　残存価額は取得原価の10%　耐用年数3年

　地代賃借料：支払額　72,000円（6カ月）

【解答】

　減価償却費：15,000円（＝600,000円×（1－10%）÷3年÷12カ月）

　地代賃借料：12,000円（＝72,000円÷6カ月）

---

(3)　測定経費

　電力料やガス代などの経費の支払額は、1日から月末までに消費した分ではないことが多いため、正確な原価計算をするためには、1日から月末までに消費した数量を測定し、計算を行うこととなる。農業簿記においては、動力光熱費などがある。

【例題2－14】測定経費の算定

　次の経費の当月消費額を計算しなさい。

　電　力　料：25,000円（うち、基本料金10,000円）の支払請求があった。なお、電力会社による検針は、前月20日が3,800千kw、当月20日が4,000千kwであった。また、自社による検針は、前月末が3,850千kw、当月末が4,060千kwであった。

　ガ　ス　代：基本料金　2,000円　　　月初の検針　1,000㎥

　　　　　　　月末の検針　1,170㎥　　　単価　13円/㎥

【解答】

　電　力　料：25,750円

　（25,000円－10,000円）÷（4,000千kw－3,800千kw）＝75円/千kw

　　　　　　　　　　　　　　　　　　　　　　　　　　　　従量料金

　10,000円＋75円/千kw×（4,060千kw－3,850千kw）＝25,750円

　　　　　　　　　　　　　　当月末の検針　　　前月末の検針

　ガ　ス　代：4,210円（＝2,000円＋13円/㎥×（1,170㎥－1,000㎥））

⑷　発生経費

　棚卸減耗損のような経費は、実際の発生額をその月の消費高とする。農業簿記において
は、棚卸減耗損が生じる場合には当該費目が該当する。

【例題 2 −15】発生経費の算定

　次の経費の当月消費額を計算しなさい。

　A　材　　料：帳簿記載金額　1,000円　　実地棚卸金額　800円

　B　材　　料：帳簿棚卸数量　120kg　　実地棚卸数量　110kg　　単価　30円/kg

【解答】

　A材料棚卸減耗損：200円　（＝1,000円−800円）

　B材料棚卸減耗損：300円　（＝30円/kg×（120kg−110kg））

第5節　製造間接費の計算

1．製造間接費と配賦計算

　製造直接費は、把握された事実に基づいて、それを生じさせた製品に集計すればよく、これを製造直接費の賦課と呼ぶ。これに対して、どの製品によって発生したかを直接に識別することのできない原価、すなわち製造間接費は、製品に負担させるために、**配賦計算**と呼ぶ計算を行う。製造間接費は、製造原価のうち、間接材料費、間接労務費、間接経費からなる。

2．配賦基準

(1)　配賦基準の種類について

　配賦基準の種類は、次の二つである。

金額基準……直接材料費基準、直接労務費基準、素価基準*
物量基準……直接作業時間基準、機械運転時間基準、生産量基準

　＊：素価とは「直接材料費＋直接労務費」もしくは「直接費合計」を指す。

　一般的には、金額基準よりも物量基準の方が望ましい。なぜなら、物量基準によれば、外的要因である価格変化の影響を排除することができるからである。

【例題2-16】配賦基準の選択

　当農園はハウス栽培によって大玉、中玉、ミニの3種類のトマトを生産している。製造間接費としては、肥料の溶液をハウス内に循環させて供給することにかかるコストが大半を占めている。

1．製造間接費実際発生額　405,000円

2．製品別直接費集計額

	大玉	中玉	ミニ	合　計
種苗費（直接材料費）	450,000円	360,000円	270,000円	1,080,000円
直接労務費	540,000円	450,000円	360,000円	1,350,000円
直接経費	135,000円	45,000円	90,000円	270,000円
合　計	1,125,000円	855,000円	720,000円	2,700,000円

３．製品別生産量

	大　玉	中　玉	ミ　ニ	合　計
ハ ウ ス 面 積	120㎡	90㎡	60㎡	270㎡

問(1)　種苗費（直接材料費）基準における各トマトへの製造間接費配賦額を求めなさい。

　(2)　ハウス面積基準における各トマトへの製造間接費配賦額を求めなさい。

【解答】

	作物 1	作物 2	作物 3
(1)　種 苗 費 基 準	[*1]168,750円	135,000円	101,250円
(2)　ハウス面積基準	[*2]180,000円	135,000円	90,000円

＊１：405,000円÷1,080,000円×450,000円＝168,750円

＊２：405,000円÷270㎡×120㎡＝180,000円

(2)　配賦基準を選択する際の注意点について

配賦基準を選択する際には、次の３点を注意しなければならない。

１）　製造間接費の発生とある程度相関性を有する配賦基準を選ぶこと
　　　（相関性、比例性）
２）　配賦基準は、配賦すべき各製品に共通するものであること（共通性）
３）　配賦基準の数値を経済的に求めることができること（経済性）

(3)　配賦単位の種類について

配賦単位の種類は、次の三つである。

ａ）　原価要素別配賦法
ｂ）　原価要素群別配賦法（グループ別配賦法）
ｃ）　一括配賦法

┌─ 【例題2－17】配賦単位の選択 ──────────────────

1．製造間接費

① 農　具　費　　60,000円　　② 保　管　料　　120,000円

③ 法定福利費　448,000円　　④ 監督者給料　1,792,000円

⑤ 機械減価償却費　4,000,000円　　⑥ 電　力　料　800,000円

合　計：7,220,000円

2．製造間接費配賦基準数値

a　直接材料費　12,000,000円　　b　直接労務費　8,960,000円

c　直接作業時間　　28,000時間　　d　機械稼働時間　　32,000時間

e　生　産　量　　20,000個

問(1)　製造間接費の製品への配賦を一括配賦法により行う場合の配賦率を答えなさ
い。なお、配賦基準は生産量基準によること。

(2)　製造間接費の製品への配賦を原価要素別配賦法により行う場合の各配賦率を答
えなさい。なお、各原価要素の配賦基準は以下のとおりである。

農場消耗品費⇒生産量基準、保管料⇒直接材料費基準、法定福利費
⇒直接労務費基準

監督者給料⇒直接作業時間基準、機械減価償却費・電力料⇒機械稼働時間基準

(3)　製造間接費の製品への配賦を原価要素群（グループ）別配賦法により行う場合
の各配賦率を答えなさい。なお、配賦基準は以下のとおりである。

材料関連⇒直接材料費基準、労働関連⇒直接作業時間基準、機械関連
⇒機械稼働時間基準

【解答】

(1)　361円/個　（＝7,220,000円÷20,000個）

(2)① 　3円/個　（＝60,000円÷20,000個）

② 　1％

③ 　5％

④ 　64円/時間

⑤ 　125円/時間

⑥ 　25円/時間

(3)　材料関連　1.5％　（＝(60,000円＋120,000円)÷12,000,000円）

労働関連　80円/時間

機械関連150円/時間

３．製造間接費の実際配賦

　実際値で計算した配賦率を実際配賦率といい、これを用いて配賦を行う手続を実際配賦という。

> 製造間接費実際配賦額＝製造間接費実際配賦率×実際作業面積等
>
> 製造間接費実際配賦率＝$\dfrac{製造間接費実際発生額}{実際作業面積等}$

４．製造間接費の予定配賦

　製造間接費の配賦に関しては、原則として、予定配賦が行われる。

> 製造間接費予定配賦額＝製造間接費予定配賦率×実際作業面積等
>
> 製造間接費予定配賦率＝$\dfrac{製造間接費予算額}{計画作業面積等}$

配賦方法は、原則として予定配賦が用いられる。その利点は、次の２点である。

> １）　原価の期間比較性が確保されること
> ２）　計算が迅速化されること

　特に製造間接費については、作業面積等の増減にかかわらず発生額が一定である固定費を多く含むことから、上記１）の点が強く要求される。そこで、直接費と異なり間接費については、実際配賦率ではなく予定配賦率を用いることを原則としているのである。農業簿記においても、製造間接費の計算は予定配賦により行われるべきである。

『基準』三三㈡参照

製造間接費正常配賦の理論について

　製造間接費には、固定費が多く含まれているが、その固定費は生産能力の維持費（キャパシティ・コスト）であると考えられる。そして、生産能力の維持費は生産能力の規模に依存し、生産能力の規模は予定生産量（正常生産量）によって規定される。農業簿記においても、製造間接費は固定費が多く含まれることになる。農業においては、工業簿記における生産能力と同じように生産規模の維持によって、固定費は規定されるはずである。

　よって、製造間接費は予定生産量（正常生産量）に結びついて発生するので、予定生産量（正常生産量）の製品へ均等に配賦されるべきであるという考え方が、製造間接費正常配賦の理論である。農業簿記においても、予定される作付面積（生産規模）によって各作物に製造間接費の配賦計算が行われるべきといえる。本教材の製造間接費会計においては伝統的な工会計に準じて配賦計算に操業度という表現を用いるが実質的には作付面積（生産規模）と同じであると考えていただきたい。

〈参考〉　次の資料に基づいて、4月から6月までの各原価計算期間の甲製品の単位当たり製品原価を算定する。

〔資料〕

1．各原価計算期間で発生する原価は製造間接費のみとして、その発生額は下記のとおりである。

　　製造間接費　　変動費　　製品単位当たり　　　　5円/個

　　　　　　　　　固定費　　月間発生額　　　　　5,000円

　（注）　この数値は4月から6月まで変わらないものとする。

2．製造間接費の配賦は生産量を基準として行う。

3．甲製品の生産データ

　4月　1個

　5月　10個

　6月　100個

　4月　単位当たり製品原価　$5\text{円}/\text{個}+\dfrac{5,000\text{円}}{1\text{個}}=5,005\text{円}/\text{個}$

　5月　単位当たり製品原価　$5\text{円}/\text{個}+\dfrac{5,000\text{円}}{10\text{個}}=505\text{円}/\text{個}$

　6月　単位当たり製品原価　$5\text{円}/\text{個}+\dfrac{5,000\text{円}}{100\text{個}}=55\text{円}/\text{個}$

$$\begin{matrix}\text{製品単位当たり} \\ \text{製造間接費}\end{matrix}=\begin{matrix}\text{製品単位当たり} \\ \text{変動費}\end{matrix}+\underbrace{\dfrac{\text{固定費月間発生額}}{\text{実際生産量}}}_{\text{単位原価変動の原因}}$$

　単位原価が変動する原因は、各月の固定製造間接費の1個当たりの負担額が異なるためであることがわかる。

5．製造間接費予算

⑴　意　義

各作業面積等の水準における製造間接費の発生予定（予算）額である。

⑵　設定目的

間接費予算の設定目的は、次の二つである。

① 　予定配賦率を算定するため

② 　責任区分ごとの発生目標額とするため

⑶　種　類

間接費予算には次のような種類がある。

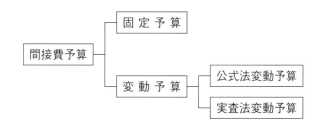

⑷　各種予算の特徴

各種予算を比較して表にまとめると、以下のようになる。

	固定予算	変　動　予　算	
		公　式　法	実　査　法
長　所	予算の設定が容易であり、管理者に対し、一義的な目標を与える	差異分析の結果が、原価消費効率を明確に示す	
		公式により予算額が容易に算定できる	予算差異を正確に算定できる
短　所	実際作業面積等と計画作業面積等が乖離した場合、予算差異を正確に算定できない	現実の原価態様（コスト・ビヘイビア）が線形的でない場合、予算差異を正確に算定できない	責任区分の管理者との個別的な折衝を要するため、予算の設定に手間がかかる

本教材においては、固定予算と公式法変動予算を紹介する。

6．配賦差異の算定

　予定配賦率により計算する場合、実際配賦率により計算する場合と結果が異なるため、期中は予定配賦率を用いた消費額で処理するが、最終的には以下の処理を行う。

① 　製造間接費配賦差異を算定する。

> **製造間接費配賦差異＝製造間接費予定配賦額－製造間接費実際発生額**

② 　①で算定した差異を、原則として、売上原価に振り替える。

　有利差異は売上原価から減算し、不利差異は売上原価に加算する。

　製造間接費は、その差異について、発生原因別に分析することが必要である。よって、製造間接費配賦差異は、直接材料費や直接労務費の場合のように分析することができず、製造間接費の差異分析では、直接材料費や直接労務費とは異なった分析法がとられる。

　まず、製造間接費配賦差異が生じる原因を、**予算差異**と**稼動差異**の二つに分類する。

> **製造間接費配賦差異＝予算差異＋稼動差異**
>
> **予算差異＝実際作業面積等における予算許容額－実際発生額**
>
> **＊稼動差異＝実際作業面積等における予定配賦額－実際作業面積等における予算許容額**

　別の算式　＊：固定予算の場合は、配賦率×（実際作業面積等－基準作業面積等）、
　　　　　　　　　　公式法変動予算の場合は、固定費率×（実際作業面積等－計画作業面積等）

> 【参考】
>
> 　予算差異の発生原因：予算見積の誤り、各項目の無駄の発生・節約の達成など
>
> 　稼動差異の発生原因：生産計画の失敗、季節的変動による不働時間の発生など

　なお、製造間接費は種々雑多な費目より構成されており、予算差異は各費目別に算出される不利差異と有利差異を相殺した結果として算出されている場合もある。そのため、原価管理を効果的になすためには、費目別に予算許容額と実績とを比較して予算差異を分析する必要がある。

7．固定予算

⑴　定　義

　　固定予算とは、特定の作業面積等を前提とした予算をいい、予算許容額は一つとなる。

『基準』四一㈢1参照

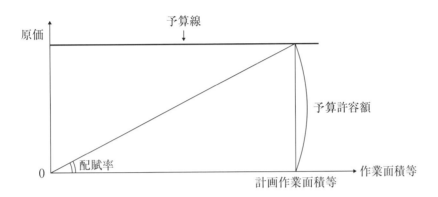

⑵　**製造間接費配賦差異の把握と原因別分析**

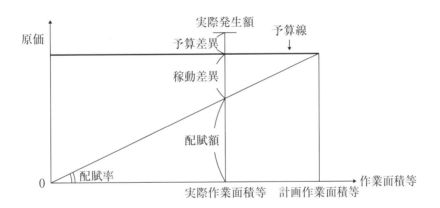

─**【例題2－18】製造間接費差異の算定（固定予算）**─────────────

　　次の資料に基づき、製造間接費配賦差異及び、それを分解した予算差異、稼動差異
を算定しなさい。

　1．月間予算

　　⑴　予算額　　3,500,000円

　　⑵　計画作業面積　　3,500㎡

　2．当月実績

　　⑴　実際発生額総額　　3,536,400円

　　⑵　実際作業面積　　3,425㎡

【解答】

製造間接費配賦差異：111,400円（不利）

稼動差異：75,000円（不利）

予算差異：36,400円（不利）

【解説】

① 予定配賦率の算定

予定配賦率：3,500,000円÷3,500㎡＝1,000円/㎡

② 予定配賦額の算定

1,000円/㎡×3,425㎡＝3,425,000円

③ 実際作業面積における予算許容額

3,500,000円

④ 各種差異分析

製造間接費配賦差異：3,425,000円－3,536,400円＝－111,400円（不利）

稼動差異：3,425,000円－3,500,000円＝－75,000円（不利）

　　　　　もしくは1,000円/㎡×（3,425㎡－3,500㎡）＝－75,000円（不利）

予算差異：3,500,000円－3,536,400円＝－36,400円（不利）

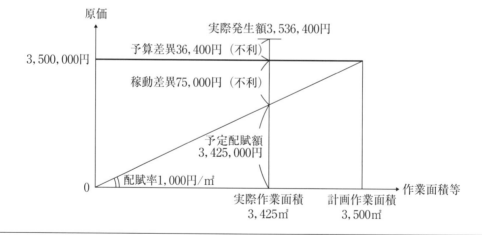

8．公式法変動予算

⑴　定　義

　公式法変動予算は、製造間接費を固定費と変動費とに分類し、種々の作業面積等に対応する製造間接費が算定される予算をいう。　　　　　　　　　　　『基準』四一㊂2⑵参照

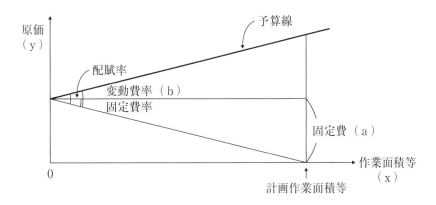

　（注）　次のように定式化できることから、公式法と呼ばれる。

$$y = a + b\,x$$

⑵　製造間接費配賦差異の把握と原因別分析

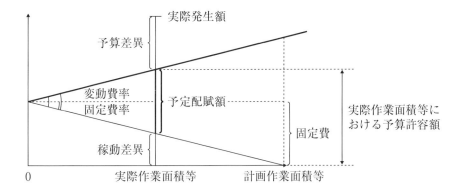

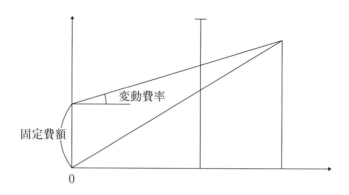

【例題2－19】製造間接費差異の算定（公式法変動予算）

　次の資料に基づき、製造間接費配賦差異及び、それを分解した予算差異、稼動差異を算定しなさい。

1．月間予算

　(1)　変動費予算額　　1,120,000円　　(2)　固定費予算額　　2,380,000円

　(3)　計画作業面積　　3,500㎡

2．当月実績

　(1)　実際発生額総額　　3,536,400円　　(2)　実際作業面積　　3,425㎡

【解答】

　製造間接費配賦差異：111,400円（不利）

　稼動差異：51,000円（不利）

　予算差異：60,400円（不利）

【解説】

①　予定配賦率の算定

　変動費率：1,120,000円÷3,500㎡＝320円/㎡

　固定費率：2,380,000円÷3,500㎡＝680円/㎡

　予定配賦率：320円/㎡＋680円/㎡＝1,000円/㎡

②　予定配賦額の算定

　1,000円/時間×3,425㎡＝3,425,000円

③　実際作業面積における予算許容額

　320円/㎡×3,425㎡＋2,380,000円＝3,476,000円

④　各種差異分析

製造間接費配賦差異：3,425,000円 − 3,536,400円 = − 111,400円（不利）

稼動差異：3,425,000円 − 3,476,000円 = − 51,000円（不利）

もしくは680円/㎡ ×（3,425㎡ − 3,500㎡）= − 51,000円（不利）

予算差異：3,476,000円 − 3,536,400円 = − 60,400円（不利）

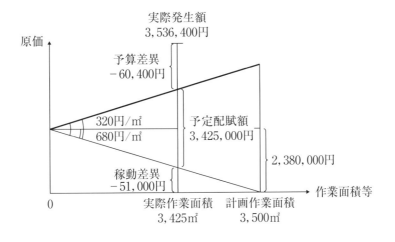

第 3 章　部門別計算

第1節　部門別計算

1．部門別計算の意義・目的

> **『基準』一五**
>
> 　原価の部門別計算とは、費目別計算においては握された原価要素を、原価部門別に分類集計する手続をいい、原価計算における第二次の計算段階である。

　製造間接費が発生している場所として集計する作業区分の単位を、個別原価計算では**部門**という。個別原価計算において部門ごとに製造間接費を集計して製品に配賦する計算手続を**部門別計算**という。部門別計算の対象となる原価要素は、常にすべての原価要素であるというわけではない。その対象となる範囲は、原価計算の形態や部門別計算の目的によって異なったものとなるが、しかし少なくとも製造間接費はその対象となる。そこで以下では、製造間接費のみを部門別計算の対象として説明する。

　※　総合原価計算では、製造部門を**工程**という。そのため、総合原価計算では、**工程別計算**という。

　部門別計算の目的は、以下の二つである。

① **正確な製品原価の計算**：部門別計算を行うことで、それぞれに必要な作業の原価を各製品に負担させることができる。

② **原価管理**：部門別計算を行うことで、原価が誰の責任でいくら発生したかを知ることができる。

2．原価部門の設定

> **『基準』一六**
>
> 　原価部門とは、原価の発生を機能別、責任区分別に管理するとともに、製品原価の計算を正確にするために、原価要素を分類集計する計算組織上の区分をいい、…（後略）…

　部門は、「製造部門」と「補助部門」とに分けられる。

　製造部門とは、直接製造作業の行われる部門をいう。**補助部門**とは、製造部門に対して補助的関係にある部門をいい、補助経営部門と農場管理部門に分けられる。

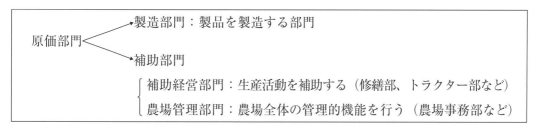

補助部門については、耕種農業におけるトラクター部門や機械部門、修繕部門が考えられる。また、畜産農業における哺育部門が考えられる。

3．部門別集計

部門別計算の手続は、製造間接費を部門ごとに集計（第1次集計）し、補助部門費を製造部門へ配賦（第2次集計）する。その後、製造部門費を製品へ配賦するという段階を経て行う。イメージ図は以下のとおりである。

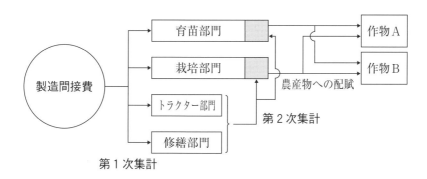

第2節　実際配賦

1．第1次集計

第1次集計：製造間接費を各部門（製造部門・補助部門とも）に集計することである。

まず、製造間接費は、各部門において発生したことが直接的に認識されるか否かにより、**部門個別費**と**部門共通費**に分かれる。部門個別費は賦課され、部門共通費は配賦されることになる。

部門個別費……当該部門において発生したことが直接的に認識される原価要素

部門共通費……当該部門において発生したことが直接的に認識されない原価要素

そして、部門個別費は各部門に賦課し、部門共通費は適当な配賦基準で各部門に配賦する。

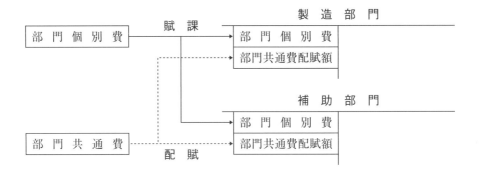

部門費＝部門個別費＋部門共通費配賦額

【参考】部門共通費の配賦基準について

部門共通費の配賦基準の具体例としては、以下のようなものが考えられる。

部門共通費	配賦基準
建物減価償却費	各部門の占有面積
機械保険料	各部門の機械価額比
福利厚生費	各部門の従業員数
材料保管費	各部門への出庫額
電力料	各部門の電力消費額

┌─ **【例題3−1】部門別計算①（第1次集計）** ─────────────

二つの製造部門及び一つの補助部門を有して部門別計算を行っている当社の以下の資料に基づき、部門費集計表を作成しなさい。

1．部門個別費及び部門共通費配賦基準

	育苗部門	栽培部門	補助部門
部門個別費	568,750円	501,250円	150,000円
占有面積	1,200㎡	900㎡	300㎡

2．部門共通費

農器具庫減価償却費　480,000円

【解答】

部　門　費　集　計　表　　　　（単位：円）

費　　目	合　　計	製　造　部　門		補　助　部　門
		育苗部門	栽培部門	補助部門
部門個別費	1,220,000	568,750	501,250	150,000
部門共通費				
農器具庫減価償却費	480,000	*240,000	180,000	60,000

＊：480,000円÷（1,200㎡＋900㎡＋300㎡）×1,200㎡＝240,000円

└───────────────────────────────

2．第2次集計

第2次集計：補助部門費を各製造部門へ配賦することである。

〈参考〉　第2次集計を行う理由

　　　補助部門の作業は、製品の製造と直接の関係をもたないため、補助部門費を製品に直接配賦するにしても合理的な基準が得られない。そこで、**製品原価の正確な計算の観点**から、補助部門費を、いったん製造部門費として集計し直して製品に配賦すれば、より合理的な計算が可能となる。

　　　また、**製造部門の責任に基づく原価管理**においても、関連する補助部門費を製造部門へ配賦することにより、製造部門の責任原価をもれなく把握することが可能となる。

> **製造部門費＝部門費＋補助部門費配賦額**

補助部門費の配賦には、補助部門相互間の用役（サービス）の授受を考慮するかしないかにより、以下の方法がある。

		補助部門間の用役の授受
①	直 接 配 賦 法	すべて無視
②	階梯式配賦法	一部考慮
相 互 配 賦 法 ── ③	簡便法としての相互配賦法	一部考慮
── ④	連続配賦法	すべて考慮
── ⑤	連立方程式法	すべて考慮

【参考】補助部門費の配賦基準について

　　補助部門費の配賦基準の具体例としては、以下のようなものが考えられる。

補 助 部 門 費	配 賦 基 準
動 力 部 門 費	各部門の動力消費量
用 水 部 門 費	各部門の用水消費量
運 搬 部 門 費	各部門の運搬回数、運搬距離あるいは運搬重量
修 繕 部 門 費	各部門の修繕時間、修繕回数
材 料 部 門 費	各部門の出庫材料の重量、個数あるいは価額
農 場 事 務 部 門 費	各部門の所属人員数
トラクター部門費	トラクター利用時間
哺 育 部 門 費	哺育作業時間

⑴　**直接配賦法**

　直接配賦法は、**補助部門間の用役授受を無視する方法**であり、補助部門費をすべて直接製造部門に配賦する。

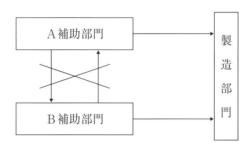

┌───┐
【例題3－2】部門別計算②（第2次集計・直接配賦法）

　補助部門費の製造部門への配賦を直接配賦法によって行いなさい。

1．当社は、製造部門として育苗部門・栽培部門を、補助部門として修繕部・トラクター部・農場事務部を設定している。

2．部門費実際発生額（部門共通費配賦後・単位：円）

費　　目	製　造　部　門		補　　助　　部　門		
	育苗部門	栽培部門	修　繕　部	トラクター部	農場事務部
部門費合計	3,160,000	2,240,000	687,000	447,000	336,000

3．補助部門費の配賦基準（実際用役消費量）

配賦基準	製　造　部　門		補　　助　　部　門		
	育苗部門	栽培部門	修　繕　部	トラクター部	農場事務部
修繕時間	144時間	126時間	—	90時間	—
トラクター運転時間	12,000分	6,000分	—	—	—
従業員数	27人	18人	9人	6人	2人

└───┘

【解答】

補助部門費配賦表　　　　　　（単位：円）

費　　目	合　　計	製　造　部　門		補　助　部　門		
		育苗部門	栽培部門	修　繕　部	トラクター部	農場事務部
部門費合計	6,870,000	3,160,000	2,240,000	687,000	447,000	336,000
農場事務部門費		*1 201,600	134,400			
トラクター部門費		*2 298,000	149,000			
修繕部門費		*3 366,400	320,600			
製造部門費	6,870,000	4,026,000	2,844,000			

【解説】

＊1：336,000円÷（27人＋18人）×27人＝201,600円

＊2：447,000円÷（12,000分＋6,000分）×12,000分＝298,000円

＊3：687,000円÷（144時間＋126時間）×144時間＝366,400円

(2)　階梯式配賦法

　階梯式配賦法は、補助部門相互の用役授受に関し、**一方から他方への用役授受**（Ａ補助部門からＢ補助部門へ）は**考慮する**が、**その反対の用役授受**（Ｂ補助部門からＡ補助部門へ）については**無視する**という方法である。

　この配賦方法については、計算上、補助部門費配賦表の配列が重要となるため、配賦順位の決定がポイントとなる。配賦順位が決定したならば、優先順位の高い補助部門から、右から左へ配列し、右から配賦計算を行う。

　配賦順位を決定する際の判断基準は次の2点である。

---

① 他の補助部門への用役提供部門数の多い補助部門をまず先順位とする。

　用役提供部門数が同数の場合には、

②a）部門費の多い補助部門を先順位とする。

　ないし

　b）他の補助部門への用役提供額が多い補助部門を先順位とする。

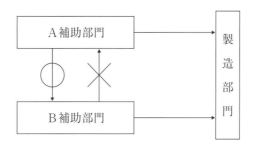

【例題3－3】部門別計算③（第2次集計・階梯式配賦法）

補助部門費の製造部門への配賦を階梯式配賦法によって行いなさい。

1．当社は、製造部門として育苗部門・栽培部門を、補助部門として修繕部・トラクター部・農場事務部を設定している。

2．部門費実際発生額（部門共通費配賦後・単位：円）

費　　目	製　造　部　門		補　助　部　門		
	育 苗 部 門	栽 培 部 門	修 繕 部	トラクター部	農場事務部
部門費合計	3,160,000	2,240,000	687,000	447,000	336,000

3．補助部門費の配賦基準（実際用役消費量）

配賦基準	製　造　部　門		補　助　部　門		
	育 苗 部 門	栽 培 部 門	修 　繕 　部	トラクター部	農場事務部
修 繕 時 間	144時間	126時間	－	90時間	－
トラクター運転時間	12,000分	6,000分	－	－	－
従 業 員 数	27人	18人	9人	6人	2人

【解答】

補助部門費配賦表　　　　　　　（単位：円）

費　　目	合　　計	製　造　部　門		補　助　部　門		
		育苗部門	栽培部門	トラクター部	修　繕　部	農場事務部
部門費合計	6,870,000	3,160,000	2,240,000	447,000	687,000	336,000
農場事務部門費		*1 151,200	100,800	33,600	50,400	336,000
修繕部門費		*2 294,960	258,090	184,350	737,400	
トラクター部門費		*3 443,300	221,650	664,950		
製造部門費	6,870,000	4,049,460	2,820,540			

【解説】

1．補助部門費配賦順位の決定

ⅰ　他の補助部門への用役提供部門数

　　修繕部：1　　　トラクター部：0　　　農場事務部：2

　　よって、配賦順位第1位は農場事務部となる。配賦順位第2位は修繕部、第3位はトラクター部となる。

ⅱ　80頁②の判断基準は用いずに優先順位がすべて決定する。

　　⇒　優先順位の高い部門を一番右側に置き、優先順位の順番で右から並べていく。

2．配賦額の計算

　*1：336,000円÷(27人＋18人＋9人＋6人)×27人＝151,200円

　*2：737,400円÷(144時間＋126時間＋90時間)×144時間＝294,960円

　*3：664,950円÷(12,000分＋6,000分)×12,000分＝443,300円

⑶　簡便法の相互配賦法/製造工業原価計算要綱に規定する相互配賦法

　　第 1 段階の配賦計算は、補助部門間の用役授受を考慮するが、第 2 段階の配賦計算
は、上述の**直接配賦法**と同様の計算を行う方法である。

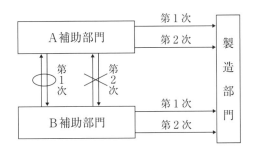

――【例題 3 － 4】部門別計算④（第 2 次集計・簡便法の相互配賦法）――

　補助部門費の製造部門への配賦を簡便法としての相互配賦法によって行いなさい。

1．当社は、製造部門として育苗部門・栽培部門を、補助部門として修繕部・トラク
　ター部・農場事務部を設定している。

2．部門費実際発生額（部門共通費配賦後・単位：円）

費　　目	製　造　部　門		補　助　部　門		
	育 苗 部 門	栽 培 部 門	修　繕　部	トラクター部	農場事務部
部門費合計	3,160,000	2,240,000	687,000	447,000	336,000

3．補助部門費の配賦基準（実際用役消費量）

配賦基準	製　造　部　門		補　助　部　門		
	育 苗 部 門	栽 培 部 門	修　繕　部	トラクター部	農場事務部
修 繕 時 間	144時間	126時間	—	90時間	—
トラクター運転時間	12,000分	6,000分	—	—	—
従 業 員 数	27人	18人	9人	6人	2人

【解答】

補助部門費配賦表　　　　　　　（単位：円）

費　　　目	合　　　計	製　造　部　門		補　助　部　門		
		育苗部門	栽培部門	修　繕　部	トラクター部	農場事務部
部門費合計	6,870,000	3,160,000	2,240,000	687,000	447,000	336,000
第1次配賦						
農場事務部門費		*1 151,200	100,800	50,400	33,600	―
トラクター部門費		*2 298,000	149,000	―	―	―
修繕部門費		*3 274,800	240,450	―	171,750	―
第2次配賦				50,400	205,350	0
農場事務部門費		―	―			
トラクター部門費		*4 136,900	68,450			
修繕部門費		*5 26,880	23,520			
製造部門費	6,870,000	4,047,780	2,822,220			

【解説】

簡便法としての相互配賦法（要綱の相互配賦法）

① 　第1次配賦

　*1：336,000円÷（27人＋18人＋9人＋6人）×27人＝151,200円

　*2：447,000円÷（12,000分＋6,000分）×12,000分＝298,000円

　*3：687,000円÷（144時間＋126時間＋90時間）×144時間＝274,800円

② 　第2次配賦（直接配賦法と同じ要領）

　*4：205,350円÷（12,000分＋6,000分）×12,000分＝136,900円

　*5：50,400円÷（144時間＋126時間）×144時間＝26,880円

⑷　連続配賦法

　補助部門間の用役授受に関し、**すべて考慮して配賦計算を繰り返し継続**し、補助部門費の残高がゼロとなったところで配賦計算を終了するという方法である。

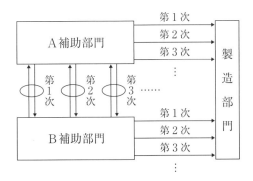

⑸　連立方程式法

　各補助部門費を用役授受に従って**相互に配賦しあった最終の補助部門費を連立方程式により算出**する方法である。計算結果は、連続配賦法の計算結果と端数処理の誤差を除き必ず一致する。

【例題3－5】部門別計算⑤（第2次集計・連立方程式法）

　補助部門費の製造部門への配賦を連立方程式法によって行いなさい。

1．当社は、製造部門として育苗部門・栽培部門を、補助部門として修繕部・トラクター部・農場事務部を設定している。

2．部門費実際発生額（部門共通費配賦後・単位：円）

費　　　目	製　造　部　門		補　助　部　門		
	育　苗　部　門	栽　培　部　門	修　繕　部	トラクター部	農場事務部
部門費合計	3,160,000	2,240,000	687,000	447,000	336,000

3．補助部門費の配賦基準（実際用役消費量）

配賦基準	製　造　部　門		補　助　部　門		
	育　苗　部　門	栽　培　部　門	修　繕　部	トラクター部	農場事務部
修　繕　時　間	144時間	126時間	－	90時間	－
トラクター運転時間	12,000分	6,000分	－	－	－
従　業　員　数	27人	18人	9人	6人	2人

【解答】

補助部門費配賦表　　　　　　（単位：円）

費　目	合　計	製　造　部　門		補　助　部　門		
		育苗部門	栽培部門	修繕部	トラクター部	事　務　部
部門費合計	6,870,000	3,160,000	2,240,000	687,000	447,000	336,000
農場事務部門費		151,200	100,800	50,400	33,600	△336,000
トラクター部門費		443,300	221,650	—	△664,950	—
修繕部門費		294,960	258,090	△737,400	184,350	—
製造部門費	6,870,000	4,049,460	2,820,540	0	0	0

【解説】

資料 3. を加工する

配賦基準	製　造　部　門		補　助　部　門		
	育苗部門	栽培部門	修　繕　部	トラクター部	事　務　部
修 繕 時 間	0.4 X	0.35 X	△X	0.25 X	—
トラクター運転時間	2／3 Y	1／3 Y	—	△Y	—
従 業 員 数	0.45 Z	0.3 Z	0.15 Z	0.1 Z	△Z

　最終の修繕部門費（そもそもの修繕部門費＋他部門から配賦された費用の合計）を X（円）、最終の動力部門費を Y（円）、最終の事務部門費を Z（円）とおくと、

$$X = 687{,}000円 + 0.15 Z \quad\quad \cdots ①$$
$$Y = 447{,}000円 + 0.25 X + 0.1 Z \cdots ②$$
$$Z = 336{,}000円 \quad\quad\quad\quad \cdots ③$$

これを解いて、X = 737,400（円）、Y = 664,950（円）、Z = 336,000（円）

3．製品への配賦

製造部門費を製品へ配賦することである。

【例題3－6】部門別計算

1．部門費実際発生額（補助部門費配賦後・単位：円）

費　　目	製　造　部　門	
	育 成 部 門	肥 育 部 門
部門費合計	4,042,640	2,827,360

2．飼育日数

育成部　560日　　　肥育部　160日

3．製品ごとの消費量

搾乳牛：育成部　300日　　　肥育部　50日

肉用牛：育成部　260日　　　肥育部　110日

【解答】

搾乳牛：3,049,250円　　　肉用牛：3,820,750円

【解説】

部門ごとの配賦率の算定

育成部：4,042,640円÷560日＝7,219円/日

肥育部：2,827,360円÷160日＝17,671円/日

製品ごとの配賦額の算定

搾乳牛：7,219円/日×300日＋17,671円/日×50日＝3,049,250円

肉用牛：7,219円/日×260日＋17,671円/日×110日＝3,820,750円

第 3 節　予定配賦

1．予定配賦

　先に説明したとおり、製造間接費の配賦に関しては、予定配賦が行われる。実際配賦では、①原価計算の遅れ、②配賦率の上下により原価が異なる、という問題点を有することから、**予定配賦率**を算定し、製造間接費の予定配賦を行う。

　予定配賦の手順は、①予定配賦率の算定→②予定配賦額の算定→③製造部門費配賦差異の算定の順序で行われる。

2．予定配賦率の算定・予定配賦額の算定

　まず、製造間接費の発生額を部門個別費及び部門共通費の費目ごとに見積もる。**予算期間の開始前に予定値によって行うこととなる。計算手続は、上述と同じとなる。**

　次に、予定配賦額の計算は、実際に生産が行われているとき、製品に対して集計する計算手続である。よって、製造部門費の予定配賦額の計算においては、予定配賦率に配賦基準値の実際値を乗じる。

> 製造部門費予定配賦額＝製造部門費予定配賦率×実際作業面積等

【例題3－7】 予定配賦率の算定・予定配賦額の算定

　各製造部門の予定配賦率及び予定配賦額を算定しなさい。なお、配賦方法は直接配賦法によること。

1．各原価部門の月間予算額（単位：円）

	育 成 部 門	肥 育 部 門	飼 料 部 門	修 繕 部 門
部 門 費 計	805,000	745,000	220,000	105,000

2．補助部門費の配賦基準

	育 成 部 門	肥 育 部 門	飼 料 部 門	修 繕 部 門
飼料消費量	2,520kg	1,680kg	—	—
修 繕 時 間	1,200時間	800時間	500時間	—

3．製造部門の計画作業面積等（本問では飼育日数を用いる。）

育 成 部 門	400日（飼育日数）
肥 育 部 門	500日（飼育日数）

4．当月の指図書別実際飼育日数

	搾 乳 牛	肉 用 牛	合 　 計
育 成 部 門	270日	120日	390日
肥 育 部 門	200日	250日	450日

【解答】

〈予定配賦率〉育成部門：2,500円/日　　　肥育部門：1,750円/日

〈予定配賦額〉搾乳牛：1,025,000円

　　　　　　　　　　（＝2,500円/日×270日＋1,750円/日×200日）

　　　　　　　肉用牛：737,500円（＝2,500円/日×120日＋1,750円/日×250日）

【解説】

補助部門費配賦表　　　　　（単位：円）

費　　目	合　　計	製　造　部　門		補　助　部　門	
		育成部門	肥育部門	飼料部門	修繕部門
部門費合計	1,875,000	805,000	745,000	220,000	105,000
修繕部門費		*1 63,000	42,000		
飼料部門費		*2 132,000	88,000		
製造部門費	1,875,000	1,000,000	875,000		

＊1：105,000円÷（1,200時間＋800時間）×1,200時間＝63,000円

＊2：220,000円÷（2,520kg＋1,680kg）×2,520kg＝132,000円

育成部門予定配賦率：1,000,000円÷400日＝2,500円/日

肥育部門予定配賦率：875,000円÷500日＝1,750円/日

３．製造部門費配賦差異の算定

　月末になれば、製造間接費の実際発生額が集計できるので、補助部門費及び製造部門費の実際発生額が判明する。部門別計算においても、予定配賦額と実際発生額との間には、製造部門費配賦差異が生じる。

> 製造部門費配賦差異＝製造部門費予定配賦額－製造部門費実際発生額

【例題３－８】製造部門費配賦差異の算定〈例題３－７の続き〉

各製造部門における製造部門費配賦差異を算定しなさい。

１．予定配賦額

育 成 部 門	975,000円
肥 育 部 門	787,500円

２．部門費実際発生額（部門共通費配賦後・単位：円）

費　　　目	製　造　部　門		補　助　部　門	
	育 成 部 門	肥 育 部 門	飼 料 部 門	修 繕 部 門
部門費合計	808,750	681,250	210,000	100,000

３．補助部門費の配賦基準（実際用役消費量）

配賦基準	製　造　部　門		補　助　部　門	
	育 成 部 門	肥 育 部 門	飼 料 部 門	修 繕 部 門
飼 料 消費量	2,500kg	1,500kg	—	—
修 繕 時 間	1,200時間	800時間	500時間	—

４．補助部門費の製造部門への配賦方法としては直接配賦法を採用している。

【解答】

　育成部門：25,000円（不利差異）

　肥育部門：12,500円（不利差異）

【解説】

補助部門費配賦表　　　　（単位：円）

費　目	合　計	製 造 部 門		補 助 部 門	
		育成部門	肥育部門	飼料部門	修繕部門
部門費合計	1,800,000	808,750	681,250	210,000	100,000
修繕部門費		*1 60,000	40,000		
飼料部門費		*2 131,250	78,750		
製造部門費	1,800,000	1,000,000	800,000		

＊1：100,000円÷（1,200時間＋800時間）×1,200時間＝60,000円

＊2：210,000円÷（2,500kg＋1,500kg）×2,500kg＝131,250円

育成部門配賦差異：975,000円（予定配賦額）－1,000,000円（実際発生額）

　　　　　　　　＝－25,000円（不利差異）

肥育部門配賦差異：787,500円（予定配賦額）－800,000円（実際発生額）

　　　　　　　　＝－12,500円（不利差異）

■ 第４節　補助部門費の配賦 ■

補助部門費の配賦には、実際配賦と予定配賦がある。

１．補助部門費の実際配賦

各補助部門の実際発生額を実際用役消費量で除して実際配賦率を求め、これを実際用役提供量に乗じて関係部門に配賦する。

２．補助部門費の予定配賦

各補助部門に予め集計された予算額を予定用役提供量で除して予定配賦率を求め、これを実際用役提供量に乗じて関係部門に配賦する。

実際配賦の場合、特定の製造部門に対する配賦額が、たとえ用役提供量が同じであっても、他の製造部門に対する用役提供量の変化の影響を受けてしまう。また、実際発生額には補助部門における原価管理活動の良否の影響が混入しているなどの問題が生じる。

【例題３－９】補助部門費の予定配賦

以下の資料に基づき、実際部門別配賦表を作成しなさい。なお、補助部門費は直接配賦法による予定配賦を実施することとする。

１．部門別製造間接費実際発生額（第１次集計費）

育成部門　280,000円　　　肥育部門　260,000円　　　動力部門　160,000円

修繕部門　80,000円

２．月間の補助部門費予算額

動力部門　190,000円　　　修繕部門　95,000円

３．補助部門の予定用役提供量

	育 成 部 門	肥 育 部 門	動 力 部 門	修 繕 部 門
動力供給量	500kwh	500kwh	― kwh	200kwh
修 繕 時 間	15時間	10時間	5時間	― 時間

４．補助部門の実際用役提供量

	育 成 部 門	肥 育 部 門	動 力 部 門	修 繕 部 門
動力供給量	500kwh	300kwh	― kwh	200kwh
修 繕 時 間	12時間	8時間	5時間	― 時間

【解答】

実際部門別配賦表

費　　目	配賦基準	金　　額	製　造　部　門		補　助　部　門	
			育成部門	肥育部門	動力部門	修繕部門
部門費合計		780,000	280,000	260,000	160,000	80,000
動力部門費	動力供給量	152,000	95,000	57,000		
修繕部門費	修繕時間	76,000	45,600	30,400		
配賦額合計		228,000	140,600	87,400		
製造部門費		768,000	420,600	347,400		

【解説】

① 動力部門費予定配賦率

190,000円÷(500kwh＋500kwh)＝@190円/kwh

育成部門：500kwh×@190円/kwh＝95,000円

肥育部門：300kwh×@190円/kwh＝57,000円

② 修繕部門費予定配賦率

95,000円÷(15時間＋10時間)＝@3,800円/時間

育成部門：12時間×@3,800円/時間＝45,600円

肥育部門：8時間×@3,800円/時間＝30,400円

第5節　その他の論点

1．一般費

(1) 意　義

> **『基準』一七**
>
> …(前略)…部門共通費であって工場全般に関して発生し、適当な配賦基準の得がたいものは、これを一般費とし、補助部門費として処理することができる。

(2) 内　容

　一般費は、専ら製品原価の正確な計算のために配賦計算上、管理責任者をおくことなく設定された（工場内のある特定の場所を占めている具体的な補助部門とは区別される）抽象的な補助部門である。

　〈参考〉　農場長給料、守衛費、警備保安費、事務用消耗品費、図書費など

(3) 処　理

> **『基準』一八(二)**
>
> …(前略)…一部の補助部門費は、必要ある場合には、これを製造部門に配賦しないで直接に製品に配賦することができる。

　一般費は、一括して適当な基準で他部門に配賦することもあるが、通常、製造部門に配賦しないで直接に製品に配賦するという処理方法がとられる。ここで、なぜ一般費を直接に製品に配賦する方法がとられるかというと、その理由は適当な配賦基準がないためである。つまり、原価発生原因主義に基づく配賦基準が得られないため恣意的な配賦計算を回避できるような一定の配賦基準（**負担能力基準**等）を用いて、製品へ配賦するのである。

2．複合費（複合経費）の設定

⑴　意　義

　複合費とは、特定の目的や機能に関連して消費された材料費、労務費、経費の発生額を一つの費目として集計したものである（例：トラクター費、動力費、運搬費、検査費、仕損費など）。

　複合費は、材料費、労務費と区別される意味での経費とはその性質を異にし、便宜的に間接経費として扱われるにすぎない。

　〈参考〉　単純経費：修繕料、電力料、賃借料、減価償却費のように、形態別分類にしたがった本来的に経費の単一の費目として認識されるものをいう。

勘定連絡図

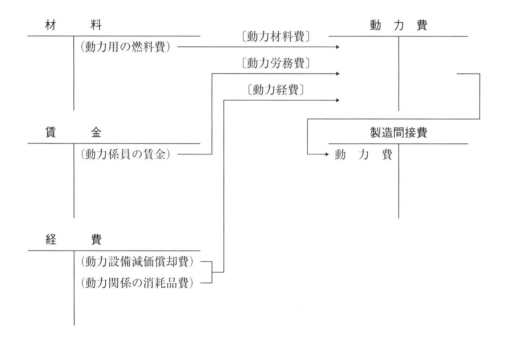

⑵　**設定目的**

　複合費の設定目的は、補助部門費計算で得られる機能別原価を概算ではあるが簡便的に知ることにより、主として小規模経営の経営管理に役立てるところにある。

　なお、製造原価の計算では、部門別計算の実施が原則となるため複合費の設定は例外となるが、部門別計算を実施している場合でも、一部の補助部門の設定を省略し複合費を設けることがある。

　〈参考〉　トラクター費（注：複合費と部門別計算における補助部門費の原価要素の内容は一致しない）

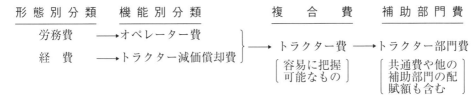

第4章　個別原価計算

■ 第1節　個別原価計算総論 ■

1．製造指図書と原価計算表

(1)　製造指図書

　製造指図書は、製品等の製造作業を指図する命令書であり、農場長などの命令権限をもつ者によって発行される。個別原価計算では、**特定製造指図書**が発行される。これは、個々の注文に基づいて発行され、仕事の内容を限定するものである。

　農業簿記においては、同一の農産物を大量に生産するが、稲作などでは作付けから収穫までの1作ごとの生産期間が決まっている。このため、稲作などの耕種農業では特定の農産物1作を原価集計単位として個別原価計算を適用することが妥当である。

(2)　原価計算表

　原価計算表は、直接材料費、直接労務費、直接経費、製造間接費を特定製造指図書別に区分・集計する表で、総勘定元帳の仕掛品勘定の製造指図書別内訳を示している。

　工業簿記における原価計算表は以下のようなものである。農業簿記においては、生産指示書が作目別に発行されることになるが、その計算構造は近似するものになる。

```
              原　価　計　算　表

      製造指図書番号      No.  724
      品　　　　名      _____
      数　　　　量      _____
      :

   摘      要    |   金      額
   Ⅰ  直接材料費  |
   Ⅱ  直接労務費  |
   Ⅲ  直接経費   |
   Ⅳ  製造間接費  |
   製 品 製 造 原 価 |
   製 品 単 位 原 価 |
   備      考    |
```

←通常、備考欄には、「完成」「仕掛中」の区分や、振替先が記入され、処理の内容が明示される。

(3)　原価の集計

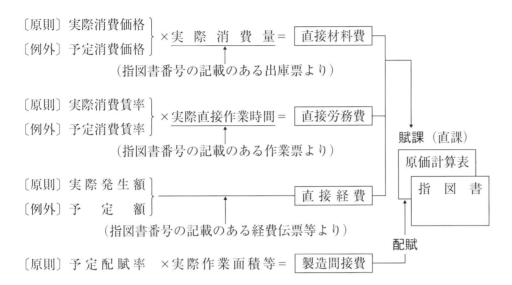

〔原則〕実際消費価格
〔例外〕予定消費価格 ｝ ×実　際　消　費　量　＝　直接材料費
　　　　　　　（指図書番号の記載のある出庫票より）

〔原則〕実際消費賃率
〔例外〕予定消費賃率 ｝ ×実際直接作業時間＝　直接労務費
　　　　　　　（指図書番号の記載のある作業票より）

〔原則〕実 際 発 生 額
〔例外〕予　　定　　額 ｝ ──────── 直 接 経 費
　　　　　　　（指図書番号の記載のある経費伝票等より）

〔原則〕予 定 配 賦 率　×実 際 作 業 面 積 等 ＝　製造間接費

賦課（直課）
原価計算表
指　図　書
配賦

『基準』三一

　個別原価計算は、種類を異にする製品を個別的に生産する生産形態に適用する。

　個別原価計算にあっては、特定製造指図書について個別的に直接費および間接費を集計し、製品原価は、これを当該指図書に含まれる製品の生産完了時に算定する。

２．種　　類

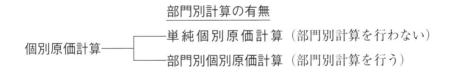

部門別計算の有無

個別原価計算 ── 単純個別原価計算（部門別計算を行わない）
　　　　　　　── 部門別個別原価計算（部門別計算を行う）

3．完成品原価と月末仕掛品原価の区分

　製品原価は各製造指図書ごとに集計されるため、製造指図書で命令されている製品の生産が**すべて完了しない限り**、そこに集計された原価はすべて**月末仕掛品原価**となる。

　ただし、ロット数量のうち完成したものから順次相手先に引き渡す、**分割納入制**を採用している場合には、売上原価と棚卸資産価額の算定のために指図書内での原価配分が必要となることもある（第2節参照）。

　農業簿記においても、上記工業簿記と同じように考え、ある農産物のすべての収穫が完了したときに完成したと捉える。同時に播種された一つの種類の農産物の一部の収穫が終了していない場合には、そこに集計される原価はすべて期末仕掛品原価として集計されることになる。ただし、一部の収穫しか完了していない場合であっても、その部分から先に販売がなされる場合には、上述の分割納入制の計算手法によって売上原価と棚卸資産評価が実施されることになる。

第2節　単純個別原価計算

1．単純個別原価計算の意義

単純個別原価計算とは、部門別計算（第3章）を行わない個別原価計算をいう。

2．単純個別原価計算の手続

〈概要〉

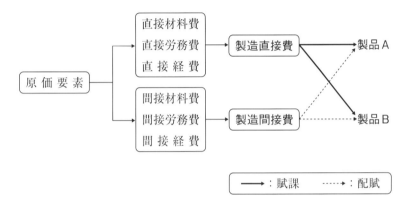

(1)　製造直接費の賦課（直課）

製造直接費は、その発生を製品（農産物）に直接跡づけることができる費用である。よって、直接費を製造指図書別に求めて、原価計算表にストレートに集計する。このように集計することを**賦課（直課）**という。

(2)　製造間接費の配賦

製造間接費は、その発生を製品（農産物）に直接跡づけすることができず、いくつかの製品に共通的に発生する費用であるため、一定の比率に基づいて製品ごとに配分する。

― 【例題４－１】単純個別原価計算の手続・記帳方法 ―

　次の〔資料〕より、指示書別原価計算表を作成しなさい。

〔資料〕

１．各原価要素の単価　　材料消費価格：50円/kg　　消費賃率：100円/ h

２．当期指示書別資料

	ジャガイモ	タマネギ	ニンジン	指示書との関連が不明確
材料消費量	60kg	40kg	20kg	50kg
作 業 時 間	20 h	20 h	10 h	30 h
経　　　費	1,000円	800円	500円	1,200円

３．製造間接費の配賦基準には、作業時間を採用している。

４．ジャガイモ及びタマネギは収穫が完了し、ニンジンは期末時点で未収穫である。

【解答】

当期の指示書別原価計算表　　　（単位：円）

	ジャガイモ	タマネギ	ニンジン	合　　計
当期製造費用				
直接材料費	3,000	2,000	1,000	6,000
直接労務費	2,000	2,000	1,000	5,000
直接経費	1,000	800	500	2,300
製造間接費	2,680	2,680	1,340	6,700
合　　　計	8,680	7,480	3,840	20,000
備　　　考	完　成	完　成	仕掛中	―

仕掛品勘定の借方に対応する

仕掛品勘定の貸方に対応する

【解説】

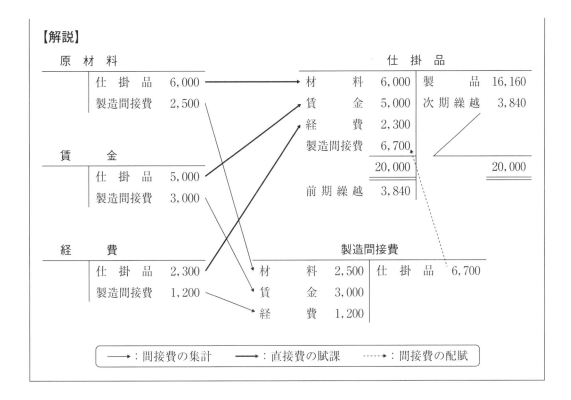

3．分割納入制

　一般の工業簿記において製造指図書の生産命令数量のうち、完成したものから順次相手先に引き渡される場合がある。この場合は、売上原価と棚卸資産価額の算定のために、指図書内での原価配分が必要となる。

　農業簿記においても上記工業簿記と同じように考え、ある農産物のすべての収穫が完了したときに完成したと捉える。同時に播種された一つの種類の農産物の一部の収穫が終了していない場合には、そこに集計される原価はすべて期末仕掛品原価として集計されることになる。ただし、一部の収穫しか完了していない場合であっても、その部分から先に販売がなされる場合には、上述の分割納入制の計算手法によって売上原価の計算と棚卸資産評価が実施されることになる。

┌──【例題4－2】分割納入制──────────────────────────

│ 問1　指示書別原価計算表を作成し、完成品原価合計を算定しなさい。

│ 問2　生産指示書番号タマネギに関して分割納入制を採用していた場合の完成品原価
│ 　　　及び期末仕掛品原価を算定しなさい。なお、タマネギの期末仕掛品は全育成日数
│ 　　　が終了しているが収穫がなされていないものである。収穫をしたものとしないも
│ 　　　のの加工費のかかり方は2：1となる。

│ 1．生産資料

生 産 指 示 書	ジャガイモ	ニンジン	タマネギ	ピーマン
生 産 命 令 数 量	200個	100個	200個	200個
材 料 消 費 量	200kg	100kg	100kg	50kg
直 接 作 業 時 間	80時間	40時間	30時間	20時間
完 成 品 数 量	200個	100個	50個	―
期末仕掛品数量	―	―	50個	50個

│ 2．材料予定消費価格、予定消費賃率、製造間接費予定配賦率

│ 　　材料予定消費価格　　　　1,000円/kg

│ 　　予定消費賃率　　　　　　　800円/時間

│ 　　製造間接費予定配賦率　　1,500円/時間

│ 　　（注）　製造間接費の配賦基準として、直接作業時間を採用している。

│ 3．期首仕掛品は存在していない。

└──

【解答】

問1

指示書別原価計算表　　　　　　　（単位：円）

	ジャガイモ	ニンジン	タマネギ	ピーマン	合　　計
直 接 材 料 費	*1 200,000	100,000	100,000	50,000	450,000
直 接 労 務 費	*2 64,000	32,000	24,000	16,000	136,000
製 造 間 接 費	*3 120,000	60,000	45,000	30,000	255,000
合 　 　 計	384,000	192,000	169,000	96,000	841,000
備 　 　 考	完　成	完　成	仕掛中	仕掛中	

完成品原価合計　　　*4 576,000円

【解説】

＊1：1,000円/kg×200kg＝200,000円

＊2：800円/時間×80時間＝64,000円

＊3：1,500円/時間×80時間＝120,000円

＊4：生産指示書ジャガイモ・ニンジンの原価合計

　個別原価計算においては、原価集計単位は特定生産指示書別の生産命令数量であるため、原則として、生産命令数量のすべてが完成しない限り、生産指示書に集計された原価は期末仕掛品原価を示すことになる。

問2

完成品原価　　96,000円　　　期末仕掛品原価　　73,000円

【解説】

1．原価の分類（ 問1 の原価計算表を参照）

⑴　材料費　100,000円

⑵　加工費　69,000円（＝24,000円＋45,000円）

2．期末仕掛品原価

⑴　材料費　100,000円÷（50個＋50個）×50個＝50,000円

⑵　加工費　69,000円÷（50個×2＋50個×1）×50個×1＝23,000円

⑶　合計　73,000円

3．完成品原価：100,000円＋69,000円－73,000円＝96,000円

第3節　部門別個別原価計算

1．部門別個別原価計算の意義

部門別個別原価計算とは、部門別計算（第3章）を行う個別原価計算をいう。

2．部門別個別原価計算の概要

部門別個別原価計算の概要を示すと、以下のようになる。

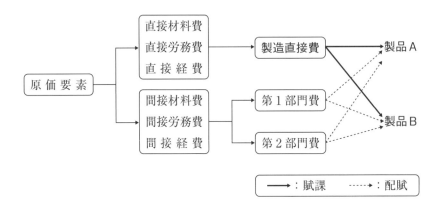

第5章　総合原価計算

第1節　総合原価計算総論

1．総合原価計算

　一般の工業簿記においては、鉄鋼業、自動車製造業など、**継続製造指図書に基づいて、同じ規格の製品を大量に製造するときに適用される原価計算が総合原価計算**である。この規格製品は、製造方法も同一であり、個々の製品は同じように加工されるため、製造原価もすべて同額ずつかかったとみなして、規格製品の単位原価が求められる。

　農業簿記においては、特に畜産農業において総合原価計算の考え方が適合することが多いと考えられる。畜産物については工業製品における大量生産品と同じように捉えることができるからである。

> 完成原価＝原価計算期間の総製造原価－月末仕掛品原価
> 完成品単位原価＝完成品総合原価÷完成品数量

2．直接材料費と加工費

製造原価の構成

製造直接費	直接材料費	加工費
	直接労務費	
	直接経費	
製造間接費	間接材料費	
	間接労務費	
	間接経費	

　製造原価のうち、**直接材料費を除いたもの、すなわち、製造直接費中の直接労務費と直接経費に製造間接費を加えたものを加工費**という。農業簿記においては、特に畜産農業において総合原価計算の適用が想定できるが、畜産農業の場合、素畜費が直接材料費となり、その他の物財費（飼料費、敷料費、水道光熱費、農具費など）や労務費は加工費として扱われることになる。

3．仕掛品の完成品換算

　一般的な工業簿記の総合原価計算において、総製造費用を完成品総合原価と月末仕掛品原価に分けるときに重要なのが、**進捗度**と**完成品換算量**という考え方である。

　進　　捗　　度：仕掛品の完成程度のことを意味し、仕掛品数量を完成品の生産量へと換算するための換算率として使用される。
　　　　　　　　　＊材料を始点で投入する場合：仕掛品の進捗度は材料費に関しては100％

　完成品換算量：仕掛品数量に進捗度を乗じたものをいう。完成品に換算したとしたら、仕掛品はどのくらいの量の完成品に相当するのかということである。

> 仕掛品の完成品換算量＝仕掛品数量×進捗度

　これに対して、農業簿記、特に畜産農業においては、加工進捗度という概念を用いずに、1日当たりの加工費に飼育日数を用いて加工費の計算を行うことになる。畜産農業の場合の直接材料費と加工費の計算方法を概説すると以下のようになる。

(1)　直接材料費の按分基準

　直接材料は、通常、生産工程の開始時点で投入される（これを始点投入材料と呼ぶ）。農業簿記、特に畜産農業においては、直接材料費は素畜費が該当することになる。これは、工業簿記の始点投入材料と同じように考え、個体数量に応じて按分計算が行われることになる。

(2)　加工費の按分基準

　工業簿記における加工費は、加工作業の進行に応じて発生する。この場合、1単位当たりの仕掛品と完成品に対する加工費が異なる。

　このため、工業簿記においては期末仕掛品換算量と完成品換算量で按分することになる。この場合の期末仕掛品換算量は以下のように計算されることになる。

> 期末仕掛品換算量＝期末仕掛品数量×加工進捗度

　これに対して、畜産農業においては、1日1頭当たりの加工費を計算し、これに1原価計算期間内における飼育日数を乗じて加工費の期末仕掛品と完成品の按分額を計算することになる。

> 期末仕掛品＝1日1頭当たりの加工費×経過飼育日数

> 1日1頭当たりの加工費＝1原価計算期間の加工費÷総飼育日数

<h1 align="center">第2節　単純総合原価計算</h1>

1．単純総合原価計算の意義

　単純総合原価計算は、同種製品（単一製品）を反復継続的に生産する生産形態によく適用する原価計算方法であり、一定期間に発生した原価を一定期間の生産量で割ることによって製品単位当たり原価を算定するという最も基本的な総合原価計算である。

『基準』二一参照

　なお、ここで「単純」とは、単一製品を指す。

　農業簿記、特に畜産農業においても、牛、豚、鶏などの製品を連続反復的に生産する形態であることから総合原価計算がよく適用すると考えられる。一定期間に発生した原価を一定期間に生産された牛、豚、鶏などの生産量で除することによって製品単位当たりの原価を算定する総合原価計算を実施することになる。

2．月末仕掛品の評価方法

(1)　平均法 『基準』二四㈡1参照

　この仮定のもとでは、月初仕掛品も当月投入分も同じように（＝平均的に）加工されるわけであるから、月末仕掛品も、月初仕掛品からの流入分と当月投入分からの流入分からの両方から構成されることになる。

(2)　先入先出法 『基準』二四㈡2参照

　この仮定のもとでは、まず、月初仕掛品が完成品となっていく。次いで、当月投入分の加工に入り、当月投入分が完成する。そして、月末時点で完成に至らないものが月末仕掛品となる。すなわち、月末仕掛品は当月投入分のみで構成されている。

(3)　後入先出法 『基準』二四㈡3参照

　この仮定のもとでは、後から投入したものが完成品となっていくので、最初に完成品となるのは当月投入分である。次いで、月初仕掛品の加工に入っていく。なお、月末仕掛品は基本的に月初仕掛品から構成されているが、場合によっては、当月投入分の要素も含まれる。

　（注）　後入先出法については現在その適用は認められていない（『棚卸資産の評価に関する会計基準』企業会計基準委員会2008年9月企業会計基準第9号）。また、国際会計基準においても後入先出法の適用は認められておらず、国際会計との調和の観点からも、その適用はできないと解されている。

－ 112 －

⑷　**簡便法（わが国の原価計算基準で認められる簡便法であり、農業簿記においても実施可能である）**

直接材料費法：加工費について期末仕掛品の完成品換算量を計算することが困難な場合には、当期の加工費総額は、すべてこれを完成品に負担させ、期末仕掛品は、直接材料費のみをもって計算することができる。

『基準』二四㈡4参照

予定原価法：期末仕掛品は、必要ある場合には、予定原価又は正常原価をもって評価することができる。　　　　　　　　　『基準』二四㈡5参照

無評価法：期末仕掛品の数量が毎期ほぼ等しい場合には、総合原価の計算上これを無視し、当期製造費用をもってそのまま完成品総合原価とすることができる。　　　　　　　　　　　　　　　　　『基準』二四㈡6参照

畜産農業では平均法はなじまないため、先入先出法を中心に本書では説明を行う。

─ **【例題 5 － 1】期末仕掛品原価・完成品原価の計算** ─────

　次の資料に基づき、期末仕掛品原価、完成品総合原価及び完成品単位原価を計算しなさい。

1．生産データ

当 期 投 入	15頭
期 末 仕 掛 品	5頭
完 　 成 　 品	10頭

2．原価データ

当期製造費用

素 　 畜 　 費	15,000円
加 　 工 　 費	302,400円

3．その他の資料

　完成品の家畜の飼育日数は 1 頭当たり180日である。期末仕掛品となった家畜は、72日の飼育が終了している。期末仕掛品となった家畜の素畜費は5,000円である。

【解答】

期末仕掛品原価

素 畜 費	5,000円
加 工 費	50,400円
合 計	55,400円

完成品総合原価

素 畜 費	10,000円
加 工 費	252,000円
合 計	262,000円
完成品単位原価	26,200円/頭

【解説】

① 当期の総飼育日数の計算

10頭×180日 + 5 頭×72日 = 2,160日

② 1 日 1 頭当たり加工費の計算

302,400円÷2,160日 = 140円/日

③ 期末仕掛品原価

素畜費：5,000円

加工費：140円/日× 5 頭×72日 = 50,400円

④ 完成品総合原価

素畜費：15,000円－5,000円 = 10,000円

加工費：302,400円－50,400円 = 252,000円

合　計：10,000円 + 252,000円 = 262,000円

⑤ 完成品単位原価：262,000円÷10頭 = 26,200円/頭

┌─ 【例題 5 － 2】 期末仕掛品原価・完成品原価の計算 ──────────

　次の資料に基づき、期末仕掛品原価、完成品総合原価及び完成品単位原価を計算しなさい。なお、期末仕掛品原価の計算方法は先入先出法によっている。

1．生産データ

期 首 仕 掛 品	200頭
当 期 投 入	900頭
合 計	1,100頭
期 末 仕 掛 品	100頭
完 成 品	1,000頭

2．原価データ

期首仕掛品原価		当期製造費用	
素 畜 費	200,000円	素 畜 費	1,080,000円
加 工 費	1,260,000円	加 工 費	23,688,000円

3．その他の資料

　完成品の家畜の飼育日数は1頭当たり180日である。期首仕掛品は前期において、90日の飼育が終了していた。期末仕掛品となった家畜は、72日の飼育が終了している。期末仕掛品となった家畜の素畜費は120,000円である。

【解答】

期末仕掛品原価	
素 畜 費	120,000円
加 工 費	1,008,000円
合 計	1,128,000円

完成品総合原価	
素 畜 費	1,160,000円
加 工 費	23,940,000円
合 計	25,100,000円
完成品単位原価	25,100円/頭

【解説】

① 当期の総飼育日数の計算

　1,000頭×180日（完成品分）＋100頭×72日（期末仕掛品分）

　－200頭×90日（期首仕掛品前期終了飼育日数）＝169,200日

② 1日1頭当たり加工費の計算

　23,688,000円÷169,200日＝140円/日

③ 期末仕掛品原価

　素畜費：120,000円

　加工費：140円/日×100頭×72日＝1,008,000円

④　完成品総合原価

素畜費：200,000円＋1,080,000円－120,000円＝1,160,000円

加工費：1,260,000円＋23,688,000円－1,008,000円＝23,940,000円

合　計：1,160,000円＋23,940,000円＝25,100,000円

⑤　完成品単位原価：25,100,000円÷1,000頭＝25,100円/頭

なお、仕掛品勘定の記入を示すと以下のようになる。

仕　掛　品

前　期　繰　越	1,460,000	製　　　品	25,100,000
素　畜　費	1,080,000	次　期　繰　越	1,128,000
加　工　費	23,688,000		
	26,228,000		26,228,000

3．正常仕損・正常減損の処理

①　仕　損

　仕損とは、製品の加工中に何らかの原因によって加工に失敗し、一定の品質や規格に合わない不合格品が発生することをいう。この不合格品を仕損品という。なお、**仕損費**は、その発生までにかかった原価から仕損品評価額（売却処分価額など）を控除して計算される。

②　減　損

　減損とは、製品の加工中に原材料が蒸発、ガス化などによって消失するか、又は製品化しない価値のない原材料部分が発生することをいう。なお、**減損費**は、その発生までにかかった原価をいう。

　農業簿記（畜産農業）においては、仕損が発生する可能性があると考えられる。例えば、養豚や養鶏において、群管理する群れの中で一定数の豚や鶏が死廃した場合などに仕損が発生したと捉えることができる。

　仕損と減損の処理方法には様々なものがあるため、ここでは一般的と考えられる三つの方法を考察する。

　各種の処理方法を負担関係、負担割合をそれぞれ考慮するか否か、また分離計算を行うか否かにより分類すると次のとおりである。

（○：考慮する、×：考慮しない）

		分離計算	負担関係	負担割合
度外視法	簡　便　法	×	×	×
	進捗度加味	×	○	×
非　度　外　視　法		○	○	○

分離計算：“費目”は設定しないが、仕損等の実際発生額を分離把握すること。

負担関係：月末仕掛品と仕損等の進捗度の大小関係から仕損費等の負担者を決定すること。

負担割合：仕損等の発生態様に応じて、両者負担のさせ方（按分比率）を決定すること。

（注）　先入先出法を採用している場合の計算上の仮定について

　　　　進捗度関係から、月初仕掛品からも仕損・減損が現実に生じている場合もあるかもしれないが、どれだけ生じているのかを算定することは一般に不可能である。そこで、**先入先出法を採用する場合は月末仕掛品の評価法を優先して考え、特に指示のない限り、当月投入分からのみ仕損・減損が生じているものと仮定して計算する**。

　　　　ただし、工程歩留率が安定しており、工程を通じて平均的に一定の割合で逐次減損が発生しているような場合においては、月初仕掛品からどれだけ減損が生じているかを算定することが可能であるため、それを考慮した計算を行うこともある。

　　　　上記は工業簿記における先入先出法上の前提であるが、農業簿記においても当該前提は妥当性を有する。

⑴　**度外視法（無視法）**

　　度外視法とは、仕損と減損について分離計算は行わず、かつ負担関係、負担割合も考慮せずに、常に完成品と月末仕掛品に仕損費等を負担させる方法である。

　　なお、ここで度外視とは、計算上、生産データを修正して、仕損、減損の発生を全く無視することをいう。

　　また、仕損品に評価額が存在する場合、月末仕掛品原価を算定する前に、評価額を控除する。

　　農業簿記においても、工業簿記と同様に考えて計算を行うことになる。以下畜産農業を前提とした数値例を紹介する。

【例題 5 － 3】度外視法

Ⅰ　生産データ（単位：頭）　　　　　Ⅱ　原価データ（単位：円）

期首仕掛品	200	期首仕掛品原価		
当 期 投 入	1,000	素 畜 費		200,000
計	1,200	加 工 費		1,260,000
正常仕損品	100	当 期 製 造 費 用		
期末仕掛品	100	素 畜 費		900,000
完 成 品	1,000	加 工 費		24,528,000

（注）1．1頭を完成させるために要する飼育日数は、180日である。期首仕掛品は90日の飼育日数が経過していた。また、期末仕掛品は72日の飼育が完了していた。期末仕掛品となった家畜の素畜費は100,000円であった。

　　　2．素畜は工程始点で投入される。

　　　3．正常仕損は、必要不可避の死廃によって生じるものである。正常仕損になった家畜の飼育日数は60日である。仕損費の処理方法は、仕損の発生を無視し、自動的に仕損費を期末仕掛品と完成品に負担させる度外視法による。

　　　4．計算結果に端数が生じる場合には、円未満を四捨五入すること。

　[問]　先入先出法により、期末仕掛品原価及び完成品総合原価を算定しなさい。

【解答】

　　期末仕掛品原価：1,143,745円

　　完成品総合原価：25,744,255円

【解説】

① 当期の飼育日数

1,000頭×180日＋100頭×72日＋100頭×60日－200頭×90日＝175,200日

② １日１頭当たりの加工費（正常仕損費負担前）

24,528,000円÷175,200日＝140円／日

③ 期末仕掛品原価

素畜費：100,000円

加工費：$24,528,000円×\dfrac{100頭×72日}{(175,200日－100頭×60日)}＝1,043,745円$

（円未満四捨五入）

④ 完成品総合原価

200,000円＋1,260,000円＋900,000円＋24,528,000円－100,000円－1,043,745円

＝25,744,255円

(2)　飼育日数を加味した度外視法

　飼育日数を加味した度外視法は、減損と仕損について分離計算はしないが、負担関係を考慮し、仕損費等の合理的な負担先を決定する方法である。すなわち、減損（仕損）の発生点（発生区間の一部）を、完成品・月末仕掛品が通過しているかどうかで、負担関係を考慮する。

ケース１：減損(仕損)＜月末　⇒　**両者負担**（完成品と月末仕掛品が負担する）

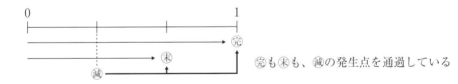

完も末も、減の発生点を通過している

ケース２：減損(仕損)＞月末　⇒　**完成品のみ負担**

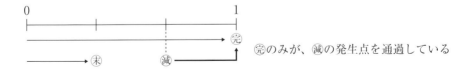

完のみが、減の発生点を通過している

　農業簿記、特に畜産農業においても、上述の工業簿記の処理方法と同じように、正常仕損品の飼育日数と期末仕掛品の飼育日数を比較して、正常仕損費を期末仕掛品原価にも負担させるのか否かを検討する方法である。

【例題5－4】飼育日数を考慮した度外視法

Ⅰ　生産データ（単位：頭）　　　　　　Ⅱ　原価データ（単位：円）

期首仕掛品	200	期首仕掛品原価		
当期投入	1,000	素畜費	200,000	
計	1,200	加工費	1,260,000	
正常仕損品	100	当期製造費用		
期末仕掛品	100	素畜費	900,000	
完成品	1,000	加工費	24,528,000	

（注）1．1頭を完成させるために要する飼育日数は、180日である。期首仕掛品は90日の飼育日数が経過していた。また、期末仕掛品は60日の飼育が完了していた。期末仕掛品となった家畜の素畜費は90,000円であった。

　　　2．素畜は工程始点で投入される。

　　　3．正常仕損は、必要不可避の死廃によって生じるものである。正常仕損になった家畜の飼育日数は72日である。仕損費の処理方法は、飼育日数を考慮した度外視法による。

　　　4．計算結果に端数が生じる場合には、円未満を四捨五入すること。

問　先入先出法により、期末仕掛品原価及び完成品総合原価を算定しなさい。

【解答】

　期末仕掛品原価：930,000円

　完成品総合原価：25,958,000円

【解説】

① 　当期の飼育日数

　　1,000頭×180日＋100頭×72日＋100頭×60日－200頭×90日＝175,200日

② 　1日1頭当たりの加工費

　　24,528,000円÷175,200日＝140円/日

　　期末仕掛品は正常仕損の飼育日数を超えていないため、正常仕損費は完成品のみが負担することになる。

③ 　期末仕掛品原価

　　素畜費：90,000円

　　加工費：$24,528,000円 \times \dfrac{100頭 \times 60日}{175,200日} = 840,000円$

　　　　　（140円/日×100頭×60日＝840,000円）

④ 　完成品総合原価

　　200,000円＋1,260,000円＋900,000円＋24,528,000円－90,000円－840,000円

　　＝25,958,000円

(3)　非度外視法

　非度外視法とは、仕損と減損について分離計算を行い、かつ、負担関係と負担割合も考慮し、仕損費等の合理的な負担先及び負担額を決定する方法である。

　この方法によれば、製品原価の計算が正確になるだけでなく、材料の変更や設備の取替えなどの経営者の意思決定のために有用な情報を提供できる。

〈算定の手順〉

ⅰ）　仕損費・減損費を算出する

ⅱ）　進捗度関係から、負担先を考慮する（仕損・減損発生地点を通過したか否か）

ⅲ）　負担比率を考慮する（定点発生・平均発生かの把握）

　農業簿記、特に畜産農業においても、上述の工業簿記と同じように、正常仕損費を一旦分離把握して、負担関係や負担割合を考慮して、仕損費等の合理的な負担先及び負担額を決定することになる。

【例題 5 － 5 】非度外視法

Ⅰ　生産データ（単位：頭）

期首仕掛品	200
当 期 投 入	1,000
計	1,200
正常仕損品	100
期末仕掛品	100
完 成 品	1,000

Ⅱ　原価データ（単位：円）

期首仕掛品原価

素 畜 費	200,000
加 工 費	1,260,000

当 期 製 造 費 用

素 畜 費	900,000
加 工 費	24,528,000

（注） 1 ．1 頭を完成させるために要する飼育日数は、180日である。期首仕掛品は90日の飼育日数が経過していた。また、期末仕掛品は72日の飼育が完了していた。期末仕掛品となった家畜の素畜費は90,000円、正常仕損品となった家畜の素畜費も90,000円であった。

　　　 2 ．素畜は工程始点で投入される。

　　　 3 ．正常仕損は、必要不可避の死廃によって生じるものである。正常仕損になった家畜の飼育日数は60日である。仕損費の処理方法は、非度外視法による。

　　　 4 ．計算結果に端数が生じる場合には、円未満を四捨五入すること。

問　先入先出法により、期末仕掛品原価及び完成品総合原価を算定しなさい。

【解答】

　期末仕掛品原価：1,201,333円

　完成品総合原価：25,686,667円

【解説】

① 当期の飼育日数

　1,000頭×180日＋100頭×72日＋100頭×60日－200頭×90日＝175,200日

② 1 日 1 頭当たりの加工費

　24,528,000円÷175,200日＝140円／日

③ 期末仕掛品原価

　素畜費：90,000円

　加工費：24,528,000円×100頭×72日÷175,200日＝1,008,000円

④ 正常仕損費

　素畜費：90,000円

　加工費：$24,528,000円×\dfrac{100頭×60日}{175,200日}=840,000円$

　期末仕掛品は正常仕損の発生点を通過しているため、期末仕掛品についても正常仕損費を負担させることになる。仕損発生点を期末仕掛品は通過している以上、数量を用いて正常仕損費は按分すればよい。

⑤ 期末仕掛品原価の正常仕損費負担額

　(90,000円＋840,000円)×100頭÷(1,000頭－200頭＋100頭)＝103,333円

　　　　　　　　　　　　　　　　　　　　　　　　　　（円未満四捨五入）

　正常仕損費の負担計算にあたり、先入先出法であることから完成品量から期首仕掛品量を控除することに留意すること。

⑥ 完成品総合原価

　200,000円＋1,260,000円＋900,000円＋24,528,000円－90,000円－1,008,000円

　－103,333円＝25,686,667円

４．副産物・作業屑の処理

⑴　意　義

――『基準』二八 ―――――――――――――――――――――――――――――――

　　総合原価計算において、副産物が生ずる場合には、その価額を算定して、これを主産物の総合原価から控除する。副産物とは、主産物の製造過程から必然に派生する物品をいう。

　　…(中略)…

　　軽微な副産物は、前項の手続によらないで、これを売却して得た収入を、原価計算外の収益とすることができる。

　　作業くず、仕損品等の処理および評価は、副産物に準ずる。

　　副産物（副産品）は、経営の目的とする主産物の製造過程から「必然的に派生する物品」をいい、主産物の製造過程から副次的に産出される生産物である。また、**作業屑**とは、原材料の加工過程で生ずる有形・有価値の残留物のことをいう。なお、有形でも無価値のものは減損である。

⑵　評価額の算定方法

　　売却できる場合：見積販売価額－販管費の見積額－加工費の見積額－通常の利益見積額

　　　　　　　　　　加工の上売却できる場合は控除する

　　　　　　　　　　　利益が見積もられる場合は控除することがある

　　　　　　　　　　　『基準』二八㈠㈡参照

　　自家消費する場合：自家消費により節約される物品の見積購入価額－加工費の見積額

　　　　　　副産物を使用することによって購入しなくて済んだ物品の価額

　　　　　　　　加工の上自家消費する場合は控除する

　　　　　　　　『基準』二八㈢㈣参照

┌─『基準』二八 ───
│　副産物の価額は、次のような方法によって算定した額とする。
│
│ ㈠　副産物で、そのまま外部に売却できるものは、見積売却価額から販売費および一
│　　般管理費又は販売費、一般管理費および通常の利益の見積額を控除した額
│ ㈡　副産物で、加工の上売却できるものは、加工製品の見積売却価額から加工費、販
│　　売費および一般管理費又は加工費、販売費、一般管理費および通常の利益の見積額
│　　を控除した額
│ ㈢　副産物で、そのまま自家消費されるものは、これによって節約されるべき物品の
│　　見積購入価額
│ ㈣　副産物で、加工の上自家消費されるものは、これによって節約されるべき物品の
│　　見積購入価額から加工費の見積額を控除した額
└───

(3)　処理方法

　一般的な副産物の処理をまとめると、以下のように飼育日数を加味した**度外視法と同じ要領**になる。なお、作業屑についても、処理方法は副産物と同様である。

〈副産物、作業屑の処理方法〉

進捗度関係	処　理　方　法
㊙<㊛	当期製造費用から㊢を控除
㊙>㊛	完成品総合原価から㊢を控除

　農業簿記、特に畜産農業においても、副産物が生じる場合には、工業簿記と同じように副産物評価額を算定する。畜産農業においては内臓原皮などが副産物の具体例となる。そして、当該評価額を当期製造費用ないしは完成品総合原価から控除することになる。

【例題 5 － 6】副産物の処理方法

Ⅰ　生産データ（単位：頭）　　　　　　　Ⅱ　原価データ（単位：円）

期首仕掛品	200
当 期 投 入	1,000
計	1,200
副 産 物	100
期末仕掛品	100
完 成 品	1,000

期首仕掛品原価

素 畜 費　　　　200,000

加 工 費　　1,260,000

当 期 製 造 費 用

素 畜 費　　　　900,000

加 工 費　　26,040,000

（注）1．1頭を完成させるために要する飼育日数は、180日である。期首仕掛品は90日の飼育日数が経過していた。また、期末仕掛品は60日の飼育が完了していた。期末仕掛品となった家畜の素畜費は90,000円であった。

2．素畜は工程始点で投入される。

3．副産物は、飼育日数180日で発生するものである。副産物の評価額は、40,000円であった。

4．計算結果に端数が生じる場合には、円未満を四捨五入すること。

問　先入先出法により、期末仕掛品原価および完成品総合原価を算定しなさい。

【解答】

期末仕掛品原価：930,000円

完成品原価：27,430,000円

【解説】

当期の飼育日数

1,000頭×180日＋100頭×180日＋100頭×60日－200頭×90日＝186,000日

一日1頭当りの加工費

26,040,000円÷186,000日＝140円/日

期末仕掛品原価

素畜費：90,000円

加工費：140円/日×100頭×60日＝840,000円

完成品原価

200,000円＋1,260,000円＋900,000円＋26,040,000円－90,000円－840,000円

－40,000円（副産物評価額）＝27,430,000円

5．異常仕損（減損）の処理

(1)　計算及び処理・勘定記入

　異常仕損（減損）費は、個別原価計算の場合と同様、非原価項目（営業外費用又は特別損失）として処理される。よって、**必ず分離計算しなければならない。**

　異常仕損（減損）と正常仕損（減損）が同一工程に存在する場合、異常仕損（減損）費の勘定記入方法及び処理方法は、それぞれ以下のように二つに分けられる。

①　勘定記入方法

〈異常仕損に評価額がない場合又は異常減損の場合の勘定記入〉

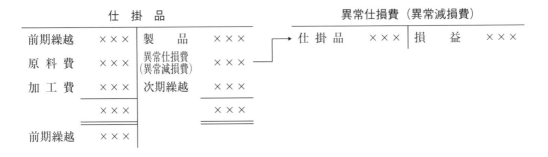

〈異常仕損に評価額がある場合の勘定記入〉

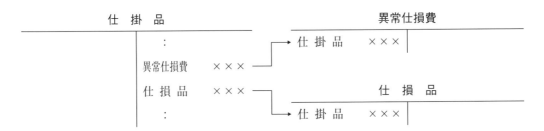

②　処理方法

進捗度関係	処　理　方　法
異 < 正 ⟶	異常仕損（減損）に正常仕損（減損）費を負担させない
異 > 正 ⟶	異常仕損（減損）に正常仕損（減損）費を負担させる

⑵　**処理の根拠**

　異常仕損（減損）の発生点が正常仕損（減損）の発生点よりも後の場合、異常仕損（減損）に正常仕損（減損）費を負担させる方法と負担させない方法の二つが考えられる。そこで、この二つの方法の根拠をまとめると、以下のようになる。

　　負担させない方法……正常仕損（減損）費は、良品を製造するために発生した原価なので、良品のみに負担させるべきである。仮に負担させたならば、正常な原価の一部を正常な営業活動から回収できない（**正常性概念を重視した方法**）。

　　負担させる方法……異常仕損（減損）といえども、正常仕損（減損）の発生点を通過した時点では、他の良品と変わりないので、異常仕損（減損）にも負担させるべきである（**原価発生原因を重視した方法**）。

　農業簿記、特に畜産農業においても、製品の生産のために必要不可欠なものではなく、風水害や疫病（例：鳥インフルエンザ）などの正常性のない原因によって家畜の一部が死滅して仕損が生じる可能性がある。このような、正常性のない仕損が発生した場合には、工業簿記と同じように異常仕損費として非原価項目として取り扱うことになる。すなわち、異常仕損費は原価に算入することをせずに、必ず分離計算することになる。

　また、異常仕損と正常仕損が両方とも発生した場合（かつ正常仕損が異常仕損よりも早い飼育日数で発生した場合）には、上述のように異常仕損に正常仕損を負担させる方法と負担させない方法の両方が考えられる。

【例題5－7】異常仕損の処理

Ⅰ　生産データ（単位：頭）　　　　　Ⅱ　原価データ（単位：円）

期首仕掛品	200	期首仕掛品原価		
当 期 投 入	1,000	素 畜 費		200,000
計	1,200	加 工 費		1,260,000
異常仕損品	100	当 期 製 造 費 用		
期末仕掛品	100	素 畜 費		900,000
完 成 品	1,000	加 工 費		24,528,000

(注) 1．1頭を完成させるために要する飼育日数は、180日である。期首仕掛品は90日の飼育日数が経過していた。また、期末仕掛品は72日の飼育が完了していた。期末仕掛品となった家畜の素畜費は90,000円であった。

　　 2．素畜は工程始点で投入される。

　　 3．異常仕損は、想定外の疫病の発生によって死滅したものであり、原価性のないものである。異常仕損になった家畜の飼育日数は60日である。仕損品に評価額は存在しない。異常仕損品となった家畜の素畜費は90,000円であった。

　　 4．計算結果に端数が生じる場合には、円未満を四捨五入すること。

問　先入先出法により、期末仕掛品原価、異常仕損費及び完成品総合原価を算定しなさい。

【解答】

期末仕掛品原価：1,098,000円

異常仕損費：930,000円

完成品総合原価：24,860,000円

① 当期の飼育日数

　　$1,000頭 \times 180日 + 100頭 \times 72日 + 100頭 \times 60日 - 200頭 \times 90日 = 175,200日$

② 1日1頭当たりの加工費

　　$24,528,000円 \div 175,200日 = 140円/日$

③ 異常仕損費

　　素畜費：90,000円

　　加工費：$24,528,000円 \times \dfrac{100頭 \times 60日}{175,200日} = 840,000円$

　　$90,000円 + 840,000円 = 930,000円$

④　期末仕掛品原価

素畜費：90,000円

加工費：$24,528,000円 \times \dfrac{100頭 \times 72日}{175,200日} = 1,008,000円$

⑤　完成品総合原価

$200,000円 + 1,260,000円 + 900,000円 + 24,528,000円 - 90,000円 - 840,000円$

$- 90,000円 - 1,008,000円 = 24,860,000円$

■ 第3節　工程別総合原価計算 ■

1．工程別総合原価計算の意義

　工程別総合原価計算とは、それぞれの工程ごとに、工程完成品（工程完了品）の原価を計算していこうとする考え方である。なお、すべての工程の加工が完了したものを最終完成品という（『基準』二五参照）。

2．工程別計算の方法

⑴　累加法（累積法ともいう）

　累加法とは、第1工程から順に単純総合原価計算を繰り返して最終完成品総合原価を計算する方法である。まず、第1工程において投入される直接材料費と加工費によって、第1工程完成品総合原価を計算し、この原価を**前工程費**として第2工程に投入する。第2工程では、この前工程費を**直接材料費と同じ扱い**をして、再び単純総合原価計算を行う。

⑵　非累加法（非累積法ともいう）（参考）

　非累加法とは、最終完成品に、各工程において投入された原価がどのくらいになっているかを、各工程別に個別に計算する方法である。

　非累加法には二つある。①累加法とは異なり、工程製品原価を次工程に振り替えないため、**累加法とは計算結果が一致しない方法（純粋非累加法、通常計算方式の非累加法）**、②累加法と結果を一致させるために修正する方法（**改正非累加法、改正計算方式の非累加法**）である。

〈非累加法の経営管理への役立ち〉

① **最終完成品の原価構成が工程費別に識別できる**

　累加法によると、雪だるまを作っていくように、工程の進行に伴い、原価を振り替えていくこととなる。このため、累加法では、最終完成品原価の内訳が判明しない。この点、非累加法によれば、最終完成品原価の内訳（直接材料費××円、第1工程加工費××円、第2工程加工費××円…）が判明する。これにより、価格決定や予算編成の基礎資料を得やすくなる。

② **自工程費と他工程費を区分して計算できる**

　㈤　計算が迅速化する：その工程の原価のみが取り扱われるため、他工程の計算の終了を待たずに、自工程費のみで計算できる。

　㈥　原価管理に役立つ：他工程からの影響を受けない計算が行われる。すなわち、管理不能な他工程の能率の良否の影響を排除できる。

3．工程別計算の計算手順（累加法）

【例題5－8】工程別総合原価計算（累加法）

　大原畜産株式会社は素畜を前期肥育部門の始点で投入し、これを連続する二つの部門で加工し、同種の肉用牛を連続的に出荷している。資料を参照して、累加法による勘定記入を行いなさい。

　なお、期末仕掛品の評価方法は先入先出法による。金額は意図的に小さくしてある。

1．当期の生産データ

	前期肥育部門	後期肥育部門
期首仕掛品量	60頭	120頭
当期投入量	480頭	420頭
計	540頭	540頭
期末仕掛品量	120頭	60頭
完成品量	420頭	480頭

　各部門で要する飼育日数はそれぞれ180日である。各仕掛品の経過飼育日数は、前期肥育部門期首仕掛品が135日、前期肥育部門期末仕掛品が45日、後期肥育部門期首仕掛品が90日、後期肥育部門期末仕掛品が45日であった。前期肥育部門の期末仕掛品に含まれる素畜費は7,200円であった。後期肥育部門の期末仕掛品に含まれる前工程費は6,240円であった。

2．当期の原価データ
(1)　前期肥育部門期首仕掛品原価：素畜費4,440円、前期肥育部門加工費2,640円
(2)　後期肥育部門期首仕掛品原価：素畜費7,800円、前期肥育部門加工費5,220円、
　　　　　　　　　　　　　　　　後期肥育部門加工費3,180円
(3)　当期製造費用：素畜費28,800円、前期肥育部門加工費16,200円、
　　　　　　　　　　後期肥育部門加工費21,750円

【解答】（単位：円）

前 期 肥 育 部 門

前 期 繰 越	7,080	後 期 肥 育 部 門	43,680
素 畜 費	28,800	次 期 繰 越	8,400
加 工 費	16,200		

後 期 肥 育 部 門

前 期 繰 越	16,200	製 品	74,640
前 期 肥 育 部 門	43,680	次 期 繰 越	6,990
加 工 費	21,750		

【解説】

1．前期肥育部門の計算

① 前期肥育部門の当期飼育日数

420頭×180日＋120頭×45日－60頭×135日＝72,900日

② 1日1頭当たりの加工費

16,200円÷72,900日＝0.222…円/日

③ 期末仕掛品原価

素畜費：7,200円

加工費：$16,200円×\dfrac{120頭×45日}{72,900日}＝1,200円$

④ 前期肥育部門完成品総合原価

4,440円＋2,640円＋28,800円＋16,200円－7,200円－1,200円＝43,680円

2．後期肥育部門の計算

① 後期肥育部門の当期飼育日数

480頭×180日＋60頭×45日－120頭×90日＝78,300日

② 1日1頭当たりの加工費

21,750円÷78,300日＝0.277…円/日

③ 期末仕掛品原価

前工程費：6,240円

加 工 費：$21,750円×\dfrac{60頭×45日}{78,300日}＝750円$

④ 後期肥育部門完成品総合原価

7,800円＋5,220円＋3,180円＋43,680円＋21,750円－6,240円－750円

＝74,640円

（注）１．工業簿記においては、第一工程完了品の全量が第二工程へと振り替えられた場合
　　　　　は、第一工程完了品の全額を第一工程勘定から第二工程勘定へと振り替えればよい
　　　　　が、入庫品が存在する場合は、工程完了品単価を算定し、振り替えた部分の金額のみ
　　　　　を第二工程へと振り替えることとなる。ただし、畜産農業を想定した本事例のような
　　　　　場合には、入庫品という概念は想定しにくい。

（注）２．**半製品**とは、工程完了入庫品の一種であるが、販売することのできるものである。

4．予定振替原価の利用

　工業簿記において工程間に振り替えられる工程製品の計算は、予定原価又は正常原価によることができる。　　　　　　　　　　　　　　　　　　　　　　　『基準』二五参照

　累加法による計算をした上で、非累加法と同等の効果を得るために考案されたのが、**予定振替原価**を用いる方法である。

　目的　①　**計算を迅速化、簡略化すること**

　　　　②　**前工程の能率の良否を自工程に影響させないこと**

　予定振替原価による振替価額と実際額の差額として、振替差異が算定される。振替差異は、以下の算式により算定される。　　　　　　　　　　　　　　『基準』四五(八)参照

> **振替差異＝予定振替原価×一定期間の工程製品の実際振替量－工程製品の実際額**

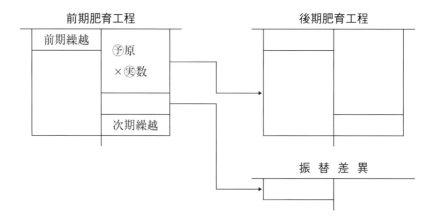

（注）　振替差異が不利差異の場合を前提としている。

　なお、工程完了品を入庫してから次工程に振り替える場合、予定振替原価は①**入庫時に適用**（入庫品全体に適用）するケースと②**出庫時に適用**（出庫分のみに適用）するケースがありうる。

┌─**【例題5−9】予定振替原価の利用〈例題5−8の続き〉**───────

　大原畜産株式会社は素畜を前期肥育部門の始点で投入し、これを連続する二つの部門で加工し、単一の肉用牛を連続的に出荷している。資料を参照して、最終完成品総合原価及び振替差異を算定しなさい。

　なお、期末仕掛品の評価方法は先入先出法による。また、前期肥育部門から後期肥育部門に肉用牛の予定原価は100円/頭である。金額は意図的に小さくしてある。

１．当期の生産データ

	前期肥育部門	後期肥育部門
期 首 仕 掛 品 量	60頭	120頭
当 期 投 入 量	480頭	420頭
計	540頭	540頭
期 末 仕 掛 品 量	120頭	60頭
完 成 品 量	420頭	480頭

⑴　各部門で要する飼育日数はそれぞれ180日である。各仕掛品の経過飼育日数は、前期肥育部門期首仕掛品が135日、前期肥育部門期末仕掛品が45日、後期肥育部門期首仕掛品が90日、後期肥育部門期末仕掛品が45日であった。

２．当期の原価データ

⑴　前期肥育部門期首仕掛品原価：素畜費4,440円、前期肥育部門加工費2,640円

⑵　後期肥育部門期首仕掛品原価：素畜費7,800円、前期肥育部門加工費5,220円、
　　　　　　　　　　　　　　　　後期肥育部門加工費3,180円

⑶　当期製造費用：素畜費28,800円、前期肥育部門加工費16,200円、
　　　　　　　　　後期肥育部門加工費21,750円

【解答】

　最終完成品総合原価：73,200円

　振替差異：1,680円（不利差異）

【解説】

１．前期肥育部門の計算

①　前期肥育部門の当期飼育日数

　　420頭×180日＋120頭×45日−60頭×135日＝72,900日

②　１日１頭当たりの加工費

　　16,200円÷72,900日＝0.222…円/日

③　期末仕掛品原価

素畜費：$28,800円 \times \dfrac{120頭}{480頭} = 7,200円$

加工費：$16,200円 \times \dfrac{120頭 \times 45日}{72,900日} = 1,200円$

④　前期肥育部門完成品総合原価

$4,440円 + 2,640円 + 28,800円 + 16,200円 - 7,200円 - 1,200円 = 43,680円$

⑤　振替差異の算定

$100円/頭 \times 420頭 - 43,680円 = -1,680円$（不利差異）

２．後期肥育部門の計算

①　後期肥育部門の当期飼育日数

$480頭 \times 180日 + 60頭 \times 45日 - 120頭 \times 90日 = 78,300日$

②　１日１頭当たりの加工費

$21,750円 \div 78,300日 = 0.277\cdots円/日$

③　期末仕掛品原価

前工程費：$42,000円 \times \dfrac{60頭}{420頭} = 6,000円$

加 工 費：$21,750円 \times \dfrac{60頭 \times 45日}{78,300日} = 750円$

④　後期肥育部門完成品総合原価

$7,800円 + 5,220円 + 3,180円 + 42,000円 + 21,750円 - 6,000円 - 750円$

$= 73,200円$

5．加工費工程別総合原価計算（加工費法）

⑴　意　義

┌─『基準』二六 ──────────────────────────────────────
　原料がすべて最初の工程の始点で投入され、その後の工程では、単にこれを加工するにすぎない場合には、各工程別に一期間の加工費を集計し、それに原料費を加算することにより、完成品総合原価を計算する。この方法を加工費工程別総合原価計算（加工費法）という。
└──

　加工費工程別総合原価計算（加工費法）とは、加工費だけを工程別計算し、原料費は工程別計算をしないで、一括して完成品と仕掛品とに原価を配分する計算方法である。なお、原料費の計算における仕損費・減損費の処理方法に関しては、学説が色々あるので問題文の指示に従うこと。工業簿記に限らず、農業簿記においても適用可能である。

┌─【例題5－10】加工費工程別総合原価計算 ───────────────────
　当社は養鶏業を営んでおり、累加法による加工費工程別総合原価計算を行っている。期末仕掛品の評価を先入先出法によった場合の完成品総合原価及び期末仕掛品原価を算定しなさい。なお、素畜費の計算については、正常減損費を完成品にのみ負担させるものとする。金額は意図的に小さくしている。
　1．生産データ

	前期肥育部門	後期肥育部門
期 首 仕 掛 品 量	600羽	450羽
当 期 投 入 量	12,000羽	11,850羽
計	12,600羽	12,300羽
正 常 減 損 量	300羽	250羽
期 末 仕 掛 品 量	450羽	400羽
工 程 完 了 品 量	11,850羽	11,650羽

　⑴　1羽を完成させるために要する飼育日数は各部門ともに180日である。
　⑵　前期肥育部門の期首仕掛品は90日、前期肥育部門の期末仕掛品は120日、後期肥育部門の期首仕掛品は60日、後期肥育部門の期末仕掛品は45日の飼育日数が経過している。
└──

(3)　前期肥育部門では飼育日数が60日経過した段階で、後期肥育部門では飼育日数が108日経過した段階で減損（死廃）が発生する。当該減損は回避できないものであり、正常減損として取り扱うものとする。

2．原価データ

	前期肥育部門	後期肥育部門
期首仕掛品原価		
素　畜　費	433,000円	326,000円
加　工　費	343,650円	82,250円
前 工 程 費	—	535,710円
当 期 製 造 費 用		
素　畜　費	8,616,000円	—
加　工　費	14,054,100円	6,909,000円

3．その他のデータ

(1)　素畜はすべて前期肥育部門の始点で投入され、後期肥育部門では単にこれを加工飼育するにすぎない。

(2)　減損費の処理は、飼育日数を加味した度外視法による。なお、素畜費の計算については、上記の指示に従うこと。

(3)　計算上生ずる端数は、円位未満を四捨五入すること。

【解答】

完成品総合原価　29,800,820円

期末仕掛品原価　素畜費：610,300円

　　　　　　　　前期肥育部門期末仕掛品原価（素畜費以外）：355,800円

　　　　　　　　後期肥育部門期末仕掛品原価（素畜費以外）：532,790円

【解説】

1．前期肥育部門加工費の計算

① 前期肥育部門の飼育日数

11,850羽×180日＋450羽×120日＋300羽×60日－600羽×90日＝2,151,000日

② 1羽1日当たりの加工費

14,054,100円÷2,151,000日＝6.5337…円/日

③ 期末仕掛品原価

加工費：$14,054,100円 \times \dfrac{450羽 \times 120日}{(2,151,000日 - 300羽 \times 60日)} = 355,800円$

④ 前期肥育部門完成品総合原価（加工費のみ）

343,650円＋14,054,100円－355,800円＝14,041,950円

　2．後期肥育部門加工費の計算

①　後期肥育部門の飼育日数

　$11,650$羽$\times 180$日$+400$羽$\times 45$日$+250$羽$\times 108$日-450羽$\times 60$日$=2,115,000$日

②　1 羽 1 日当たりの加工費

　$6,909,000$円$\div 2,115,000$日$=3.266\cdots$円／日

③　期末仕掛品原価

　前工程費：$14,041,950$円$\times \dfrac{400\text{羽}}{11,850\text{羽}}=473,990$円（円未満四捨五入）

　加　工　費：$6,909,000$円$\times \dfrac{400\text{羽}\times 45\text{日}}{2,115,000\text{日}}=58,800$円

④　後期肥育部門完成品総合原価（加工費のみ）

　$82,250$円$+535,710$円$+14,041,950$円$+6,909,000$円$-473,990$円$-58,800$円

　$=21,036,120$円

　3．素畜費の計算

①　期末仕掛品原価

　素畜費：$8,616,000$円$\times \dfrac{(450\text{羽}+400\text{羽})}{12,000\text{羽}}=610,300$円

②　最終完成品総合原価

　素畜費：$433,000$円$+326,000$円$+8,616,000$円$-610,300$円$=8,764,700$円

⑵　目　的（工業簿記一般に考えられるもの）

　加工費工程別総合原価計算の目的としては、以下の三つがあげられる。

①　素畜費を工程に集計しないことによって**計算を簡略化**することができる。

②　加工費だけを工程別に集計することにより、その原価構成を明らかにし、もって**加工費の管理**に役立てる。

③　素畜価格が市価の変動によって著しく変わる企業では、素畜費を別計算することによって、価格変動に関する情報を経営者に提供し、もって**生産計画の変更等の意思決定**に役立てる。

(3) **適用前提**（工業簿記一般に考えられるもの）

　加工費工程別総合原価計算をするためには、①**素畜がすべて最初の工程始点で投入**され、②**後工程では単にこれを加工するにすぎない**場合、という前提を満たしていなければならない。

　また、素畜費の計算が簡便的であることから、計算結果が全原価要素工程別総合原価計算を行う場合に比して不正確になるおそれがあるため、歩減の発生量が少ないことや、仕掛品量の変動が比較的小さいこと等も、適用前提としてあげられることがある。

第4節　連産品

1．連産品の意義

『基準』二九

　連産品とは、同一工程において同一原料から生産される異種の製品であって、相互に主副を明確に区別できないものをいう。…(後略)

　例えば、原油を精製すれば、ガソリンだけでなく、重油、軽油、灯油などの製品が得られる。それらの製品は、それぞれ別個に製造することができず、**連産品**と呼ばれる。農業においては精肉加工業などが連産品の具体例となる。

2．計算手順

　連産品の計算の典型的な計算手順を示すと、以下のようになる。
⑴　連結原価（結合原価）を計算
⑵　見積データにより連結原価（結合原価）の按分基準（正常市価等）を算定
⑶　⑵の按分基準により連結原価（結合原価）を各連産品に按分
⑷　実績データにより各連産品の製品原価を算定

3．連結原価（結合原価）の按分

『基準』二九

　（前略）…連産品の価額は、連産品の正常市価等を基準として定めた等価係数に基づき、一期間の総合原価を連産品にあん分して計算する。…(後略)

　結合原価按分の方法には、三つの方法がある。
⑴　生産量基準（連産品の産出量で按分）
⑵　何らかの尺度による等価係数を用いて按分
⑶　正常市価基準（正常市価に基づく等価係数を用いて按分）

　　正常市価　＝見積売却価額－見積追加加工費　　　　　　　　　　　『基準』二九参照
　　(注)　見積追加加工費のほかに追加原料費もあれば、見積追加原料費が控除されることになる。なお、見積販管費を控除することもある。

【例題 5 －11】連産品原価の計算①

　結合原価の配分を①正常市価基準、②生産量基準により、それぞれの場合におけ
る、連産品Ａ・Ｂ・Ｃの製造原価及び単位原価を計算しなさい。

１．結合原価：1,800,000円

２．完成品の内訳　連産品Ａ：20,000kg　　　連産品Ｂ：50,000kg

　　　　　　　　　　連産品Ｃ：30,000kg

３．その他のデータ

　(1)　見積販売価格は、製品Ａ50円/kg、製品Ｂ30円/kg、製品Ｃ40円/kgである。

　(2)　連産品Ａはそのまま販売されるが、連産品Ｂ・Ｃについては分離後加工を施し
　　　て販売される。分離後の加工費については、連産品Ｂ400,000円、連産品Ｃ
　　　300,000円との見積りがなされた。

　(3)　分離後実際加工費は、連産品Ｂ420,000円、連産品Ｃ270,000円であった。

【解答】

①

原　価　計　算　表

連産品	生　産　量	見　積　価　格	売　上　高	見積加工費	積　　　数
A	20,000kg	50円/kg	1,000,000円	——	1,000,000円
B	50,000kg	30円/kg	1,500,000円	400,000円	1,100,000円
C	30,000kg	40円/kg	1,200,000円	300,000円	900,000円

連産品	按　分　原　価	実　際　加　工　費	製　造　原　価	単　位　原　価
A	600,000円	——	600,000円	30円/kg
B	660,000円	420,000円	1,080,000円	21.6円/kg
C	540,000円	270,000円	810,000円	27円/kg

　※　結合原価の按分にあたっては、見積りのデータをもとに行う。結合原価の按分の終了
　　後、実際のデータに基づいて製造原価の計算を行う。

②

連産品	生　産　量	按　分　原　価	実際加工費	製　造　原　価	単　位　原　価
A	20,000kg	*360,000円	——	360,000円	18円/kg
B	50,000kg	900,000円	420,000円	1,320,000円	26.4円/kg
C	30,000kg	540,000円	270,000円	810,000円	27円/kg

　＊：1,800,000円÷(20,000kg＋50,000kg＋30,000kg)×20,000kg＝360,000円

┌─【例題 5 －12】連産品原価の計算② ─────────────────────

　当社は採卵養鶏業を営む企業である。生産する鶏卵は「Ｌ」「Ｍ」「Ｓ」の３サイズ
の等級に分かれることになる。そこで以下の資料に基づき、各等級の鶏卵の完成品総
合原価を計算しなさい。

１．当期は2,080,000円の結合原価が発生した。

２．完成した鶏卵は、各等級とも1,000kgずつであった。

３．各等級の１kgの卸売価格をもとに正常市価を算定する。

　　卸売価格は「Ｌ」が800円/kg、「Ｍ」が720円/kg、「Ｓ」が560円/kgであった。

４．結合原価の按分は正常市価基準によっている。

【解答】

　「Ｌ」：800,000円

　「Ｍ」：720,000円

　「Ｓ」：560,000円

【解説】

　各製品の積数の算定

　「Ｌ」：「Ｍ」：「Ｓ」＝800円/kg：720円/kg：560円/kg＝ 1 ：0.9：0.7

　「Ｌ」：1,000kg× 1 ＝1,000

　「Ｍ」：1,000kg×0.9＝900

　「Ｓ」：1,000kg×0.7＝700

　積数の合計：1,000＋900＋700＝2,600

　按分原価の計算

　「Ｌ」：2,080,000円×1,000÷(1,000＋900＋700)＝800,000円

　「Ｍ」：2,080,000円×900÷(1,000＋900＋700)＝720,000円

　「Ｓ」：2,080,000円×700÷(1,000＋900＋700)＝560,000円

└──────────────────────────────────────

【例題5－13】連産品原価の計算③

　養豚業及び精肉販売を営む当社において、生産した豚から生じる各部位を連産品と捉え、各部位の製品原価を算定することを試行している。以下の資料に基づいて、部位1～部位3に按分される製造原価と完成品単位原価を算定しなさい。

1．結合原価（豚1頭当たりの原価）：1,376,000円

2．部位1：200kg　　部位2：600kg　　部位3：400kg

3．その他のデータ

　⑴　見積卸売価格は、部位1が2,500円/kg、部位2が1,500円/kg、部位3が800円/kgであった。

　⑵　結合原価の按分にあたっては、見積卸売価格を用いた正常市価基準により計算を行うこととする。

　⑶　各部位は追加加工の必要性はなく、そのまま枝肉として卸売りされるものとする。

【解答】

　部位1：製造原価400,000円　完成品単位原価：2,000円/kg

　部位2：製造原価720,000円　完成品単位原価：1,200円/kg

　部位3：製造原価256,000円　完成品単位原価：640円/kg

【解説】

原　価　計　算　表

連産品	生　産　量	見積卸売価格	積　　　数	按分原価	単位原価
部位1	200kg	2,500円/kg	500,000円	*400,000円	2,000円/kg
部位2	600kg	1,500円/kg	900,000円	720,000円	1,200円/kg
部位3	400kg	800円/kg	320,000円	256,000円	640円/kg
			1,720,000円	1,376,000円	

＊：$1,376,000円 \times \dfrac{500,000円}{1,720,000円} = 400,000円$

4．連産品を副産物とみなす場合の計算

> **『基準』二九**
>
> 　…(前略)…ただし、必要ある場合には、連産品の一種又は数種の価額を副産物に準じて計算し、これを一期間の総合原価から控除した額をもって、他の連産品の価額とすることができる。

　ある連産品について他の連産品と同様な連結原価の按分計算を行わず、その価額を副産物に準じて計算し、その評価額をもって連産品の価額とすることがある。

5．連結原価（結合原価）を按分する理由

　連結原価は、各種の連産品に共通的に発生した原価であり、それぞれの連産品にいくらずつ、というように、別個に発生する原価ではない。もし会計期末に連産品がすべて販売されれば、連結原価を按分する必要がない。しかし、会計期末に連産品の在庫が残った場合に、在庫品の評価を行わなければ財務諸表が作成できない。

　以上より、各種連産品の製造原価計算は、専ら**財務諸表を作成する目的**で行われる原価計算である。

　例）　連産品Ｘと連産品Ｙの売上合計が500万円、連結原価が400万円の場合

ⅰ）　連産品Ｘも連産品Ｙも販売された場合　　　　ⅱ）　連産品Ｘのみ販売された場合（連産品Ｙは在庫）

	損益計算書	
Ⅰ	売 上 高	500万円
Ⅱ	売上原価	400万円
	売上総利益	100万円

	損益計算書	
Ⅰ	売 上 高	300万円
Ⅱ	売上原価	？？万円
	売上総利益	？？万円

	貸借対照表	
Ⅰ	流動資産	
	棚卸資産	0万円

	貸借対照表	
Ⅰ	流動資産	
	棚卸資産	？？万円

6．連産品と等級製品、副産物との異同

⑴　連産品と等級製品の異同

	類　　似　　点	相　　違　　点
連 産 品	・同一原料、同一工程を通じて生産される。	・異種製品である。
等級製品	・等価係数を使用して結合原価を按分する。	・同種製品である。

⑵　連産品と副産物の異同

	類　　似　　点	相　　違　　点
連 産 品	・製造過程において必然的に派生する。	・主副の区別が明確でない。
副 産 物		・主副の区別が明確である。

・個別原価計算と総合原価計算の比較

特徴＼形態	個別原価計算	総合原価計算
生 産 形 態	主として個別受注生産	主として市場見込生産
計 算 対 象	特定生産品（個別）	一定期間の生産品（全体）
製 造 指 図 書	特定製造指図書	継続製造指図書
原 価 集 計 単 位	指図書ごとの生産命令数量	期間生産量
直接費・間接費の区分	必須である 直接費－指図書別に賦課 間接費－指図書別に配賦	個別原価計算ほど重要ではないが、組別総合原価計算の場合には必要
期 末 仕 掛 品 の 評 価	指図書別に原価を集計するため重要ではないが、分割納入制の場合には必要	完成品原価を決定するため期末仕掛品の評価は不可欠
減 損 費 の 計 算	原則として原価集計単位が分割されることはないので、計算しない	特別に減損費の費目を設けることまでは必要としない
補修不能な仕損費の計算	原則として指図書を発行して計算	特別に仕損費の費目を設けることまでは必要としない
補修可能な仕損費の計算	原則として指図書を発行して計算	通常計算しない
生 産 数 量 の 確 定	予め確定	原価計算期末になって確定
完 成 品 原 価 の 確 定	生産命令数量の完成時	原価計算期末以後

◇参考文献◇

岡本清著『原価計算　六訂版』国元書房、平成12年

小菅正伸著『基本原価計算論』中央経済社、平成11年

小林健吾著『よくわかる原価のはなし』中央経済社、昭和58年

小林啓孝著『現代原価計算講義』中央経済社、平成6年

櫻井通晴著『経営原価計算論　増補版』中央経済社、昭和56年

櫻井通晴著『原価計算　理論と計算』税務経理協会、昭和58年

佐藤進著『基準原価計算精説』中央経済社、昭和50年

清水孝、長谷川惠一、奥村雅史著『入門原価計算　第2版』中央経済社、平成16年

清水孝著『上級原価計算　第3版』中央経済社、平成23年

戸田龍介編著『農業発展に向けた簿記の役割―農業者のモデル別分析と提言―』中央経済社、平成26年

番場嘉一郎著『詳説　工業会計』税務経理協会、昭和51年

番場嘉一郎著『原価計算論』中央経済社、昭和38年

廣本敏郎著『原価計算論』中央経済社、平成9年

松田藤四郎、稲本志良編著『農業会計の新展開』農林統計協会、平成12年

宮本匡章著『原価計算論』中央経済社、昭和58年

以　上

さくいん

おわりに

　この本を出版するにあたり、関係者の皆様の御支援、御協力に感謝申し上げます。

　本書は、学校法人大原簿記学校講師の野島一彦氏、保田順慶氏と、当協会会長で税理士の森剛一、当協会会員で税理士の西山由美子とが、商業簿記・工業簿記を基礎に構築されている現行の会計理論を農業の現場で具体的かつ実用的に適用することを目標に、時間をかけて議論を重ねて執筆されたものです。また、大原大学院大学学長・研究科長（当時）であり、明治大学名誉教授の山田庫平先生には、学術的な観点からのご指摘・ご指導を仰ぎ、多大なる御協力をいただきました。

　本書の出版が、学校法人大原簿記学校及び大原出版株式会社の多大なる御支援、御協力によって実現できましたことを厚く御礼申し上げます。この「農業簿記教科書１級」を多くの農業関係者に学習していただくことで、農企業の高度な計数管理を実現し、今後の日本の農業の発展に寄与することを願ってやみません。

　2015年７月

　　　　　　　　　　　　　　　　　　　一般社団法人 全国農業経営コンサルタント協会

──────本書のお問い合わせ先──────

一般社団法人 全国農業経営コンサルタント協会 事務局
〒102-0084
東京都千代田区二番町9-8　中労基協ビル1F
Tel 03-6673-4771　　Fax 03-6673-4841
E-mail：inf@agri-consul.jp
ＨＰ：https://www.agri-consul.jp/

農業簿記検定教科書　1級（原価計算編）第2版

■発行年月日　2015年7月10日　初版発行
　　　　　　　2023年5月10日　2版2刷発行
■著　　　者　一般社団法人 全国農業経営コンサルタント協会
　　　　　　　学校法人 大原学園大原簿記学校
■発　行　所　大原出版株式会社
　　　　　　　〒101-0065
　　　　　　　東京都千代田区西神田1-2-10
　　　　　　　TEL　03-3292-6654
■印刷・製本　株式会社　メディオ